高职高专公共基础课教材

信息技术基础

李华　张述平　主　编

吴巧玲　艾爽　杨晓茜　副主编

清华大学出版社

北　京

<h1 style="text-align:center">内 容 简 介</h1>

本书采用项目化教学方法,用项目引领学习内容,强调理论与实践相结合,通过技能实训着重培养学生的实际操作技能和解决实际问题能力。全书由 5 个项目、22 个任务组成,详细介绍了计算机应用的基础知识、中文版 Windows10 操作系统、五笔字型输入法、Microsoft Office 2016 办公软件等内容。

本书内容深入浅出、通俗易懂,适合作为高等院校各专业的信息技术基础课程的教材,也可作为成人继续教育和办公自动化培训机构的培训用书,以及自学人员的参考书。

图书在版编目(CIP)数据

信息技术基础 / 李华,张述平主编. —北京:清华大学出版社,2021.8(2023.7重印)

高职高专公共基础课教材

ISBN 978-7-302-58869-6

Ⅰ. ①信… Ⅱ. ①李… ②张… Ⅲ. ①电子计算机—高等职业教育—教材 Ⅳ. ①TP3

中国版本图书馆 CIP 数据核字(2021)第 153555 号

责任编辑:王 军
封面设计:周晓亮
版式设计:孔祥峰
责任校对:马遥遥
责任印制:曹婉颖

出版发行:清华大学出版社

网 址:http://www.tup.com.cn,http://www.wqbook.com
地 址:北京清华大学学研大厦 A 座 邮 编:100084
社 总 机:010–83470000 邮 购:010-62786544
投稿与读者服务:010-62776969,c-service@tup.tsinghua.edu.cn
质 量 反 馈:010-62772015,zhiliang@tup.tsinghua.edu.cn

印 装 者:三河市天利华印刷装订有限公司
经 销:全国新华书店
开 本:185mm×260mm 印 张:13.75 字 数:344 千字
版 次:2021 年 8 月第 1 版 印 次:2023 年 7 月第 3 次印刷
定 价:49.80 元

产品编号:092547-01

前　言

　　"信息技术基础"课程是高等职业院校及其他各类高等院校开设范围最广的一门公共基础课，同时也是一门实践性和应用性都很强的课程。本书根据教育部最新制定的《高等职业教育专科信息技术课程标准(2021年版)》，以及高职院校"十四五"国家级规划以及辽宁金融职业学院课程改革的具体要求编写而成。我们本着"基础理论以应用为目的，以必需、够用为度，专业课教学要加强针对性和实用性"的原则，在内容上力求涵盖各领域最新的知识、数据，注重技能的运用，从而适应新时代发展。本书内容由5个项目、22个任务组成，利于强化学生动手解决实际问题的能力。

　　本书特色如下：一、教程采用成果导向教学模式；二、教程中结合知识点融入了课程思政内容；三、教程使用情境式教学法；四、教程中采用项目化教学设计。教材理论部分简明扼要，没有过多涉及艰深难懂的知识，非常适合没有任何基础的学生学习；技能实训部分重点培养学生的实际操作技能，学生只要认真按照项目要求上机操作，就能快速掌握计算机的有关实用知识和操作技能来解决实际问题。教材编写思路突破传统，教程和实训合二为一，重点突出知识点及详尽的操作步骤，特别适合初学者使用；而技能扩展部分则提供了一些高级技巧，可以满足学生更高层次的需求。同时在编写过程中充分考虑高职层次学生的接受能力，尽量使内容深入浅出，讲解通俗易懂、条理分明，突出高职教育的特色。在教学内容安排上，围绕培养学生的办公自动化操作能力而设计，可作为"全国计算机信息高新技术考试"的参考书。

　　教材的配套网站是https://mooc1-1.chaoxing.com/course/80118739.html，提供的教辅资源有：单元设计、教学课件、教学视频、参考资料、案例、知识扩展。

　　本书由李华、张述平担任主编，吴巧玲、艾爽、杨晓茜担任副主编，时武略统稿。同时感谢企业专家刘世兴(名仕华沃公司)、戎熙哲(招商银行)参与了教材编写。在本书编写过程中，得到了辽宁金融职业学院教材编审委员会的大力支持以及信息工程学院同事的鼎力帮助。清华大学出版社为本书的及时出版做了大量工作，在此一并表示感谢！

　　由于本书编写时间较紧，加之编者水平有限，书中难免存在缺点，恳请读者不吝赐教。

编　者

2021年4月于沈阳

目　录

项目一

办公文件管理与制作

思考题

1. 计算机由哪些部件组成?
2. 如何个性化设置自己的电脑?
3. 常用的计算机软件如何进行下载和安装?

项目情境

我校学生沈明到兴业银行沈阳社区支行行政部毕业实习,行政部事务繁杂,每天都可能会随时接收到紧急文件,沈明作为行政助理,需要负责单位文件整理和通知文件的及时发布。

能力目标

1. 能认识电脑部件的构成
2. 能正常开关机、正确使用鼠标和键盘
3. 能保持正确输入坐姿和进行正确指法输入
4. 能切换各种输入法
5. 能使用和设置金山练习软件
6. 能使用记事本和Word打印简单文档
7. 能建立文件夹和文本文件并设置其属性
8. 能排列桌面图标
9. 能使用记事本、画图等附件
10. 能进行桌面和屏保设置
11. 能进行开始菜单及任务栏设置
12. 能正确删除程序
13. 能设置系统时间、日期等
14. 能知道通知、请示、公函等常用公文格式
15. 能对通知等简单公文进行排版
16. 能排版红头文件
17. 能打印文档

📓 知识目标

1. 了解电脑的主要部件及其功能
2. 了解主机、显示器、键盘、鼠标部件间的连接
3. 了解计算机发展的四个阶段
4. 熟练掌握键盘键位布局及各键位功能
5. 了解Word基本功能
6. 了解文件存放的基本分类方法
7. 掌握文件和文件夹基本操作
8. 掌握记事本、写字板等常用附件程序
9. 了解控制面板功能
10. 了解建立用户帐户和设置屏保的必要性
11. 了解正确删除程序的必要性
12. 掌握Word简单文字排版知识
13. 掌握文档打印设置

📓 素质目标

1. 具有信息意识、信息社会责任
2. 具有协作沟通能力
3. 具有团队荣誉意识
4. 具有有条理地存储、管理电子文档的习惯和意识
5. 具有树立保护个人信息安全的意识
6. 具有认真严谨的工作意识、树立团结互助的精神

📓 思政导入

在中国没有计算机没有办公软件的时候，人们是怎么办公的？

老师需要用铁笔、蜡纸、钢板、油印机来复印试卷和学习资料。

会计需要手动填表格数据、用计算器进行数字运算，更早时候还得借助算盘。

学生需要查找资料时只有去翻遍整个图书馆。

1828年7月，来自美国密歇根州的威廉·伯特制造了世界上第一部打字机，而汉字成了被打字机抛弃的"落后文明"，直到20世纪80年代在PC技术推广下，中文PC系统问世，中文信息输入的问题，才有了初步解决。

"尽管中国古代对人类科技发展做出了很多重要贡献，但为什么科学和工业革命没有在近代的中国发生？"中国在走向现代化的进程中缺少什么？

面对这些问题，我们不仅要深入分析历史原因，还要认清现实，努力掌握现有的技术，并在这些基础之上实现技术创新，让中国不仅能追赶科技强国还能实现弯道超车。

任务一 认识计算机

随着科学的发展，计算机已经家喻户晓。从科学技术的研究到工农业的生产，从对企业的

管理到日常生活的应用，各行各业都在广泛地使用计算机。没有计算机就没有现代化，计算机知识的掌握已经成为当今社会对人才基本素质的要求。

任务情境

行政助理沈明领到办公电脑后需要熟悉电脑，了解各部件功能，并连接各部件，做好工作准备。

任务展示

本任务认识计算机的部件并连接各部件，连接结果如图 1-1-1 所示。

任务实施

一、了解计算机的发展历程

1. 什么是计算机

计算机(computer)是一种能高速、自动地按照操作人员或预先设定的各种指令完成各种信息处理的电子设备。

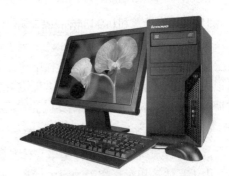

图1-1-1　计算机部件连接

随着信息技术的高速发展，计算机作为信息技术应用的基本工具，在人们的生活、工作、学习中使用得越来越广泛。

早期的计算机主要用于数值计算，解决各种复杂的工程设计计算、财务管理等与数字有关的问题，此时利用的是计算速度快、计算准确、逻辑性强等基本功能。现代计算机已经发展到用于各种管理、文字处理、声音处理、图片制作、图像编辑、动画制作、电影制作，以及机器、家电等自动控制范畴。总之，计算机的应用已经渗透到人们工作和生活的方方面面，极大地改善了人们的生活。

2. 计算机发展简史

世界上第一台通用型计算机(ENIAC，Electronic Numerical Integrator And Computer)于 1946年 2 月 15 日在宾夕法尼亚大学诞生，如图 1-1-2 所示。这个庞然大物有 8 英尺高、3 英尺宽、100 英尺长，重达 30 吨，耗电高达 140 千瓦，用了 18800 个电子管，每秒能进行 5000 次加法运算。

1945 年 6 月，美籍匈牙利科学家冯·诺依曼提出了在数字计算机内部的存储器中存放程序的概念，这是所有现代计算机的模板，被称为"冯·诺依曼结构"。按这一结构建造的电脑被称为"程序计算机"，又被称为"通用计算机"。程序计算机主要由运算器、控制器、存储器和输入/输出设备组成。它的特点是：程序以二进制代码的形式存放在存储器中，所有的指令都由操作码和地址码组成，指令在其存储过程中按照顺序执行，以及以运算器和控制器作为计算机结构的中心等。

图1-1-2　ENIAC

根据计算机采用的主要元器件，计算机的发展可以分为四个阶段：

1) 第一代计算机(1946年~1957年)

真空电子管计算机，基本元件是电子管。第一代电子计算机的代表是 UNIVAC-1，它是由真空管制造电子元件的计算机，利用穿孔卡作为主要的存储介质，体积庞大，重量惊人，耗电量很大，使用不普遍。程序设计语言使用汇编语言和机器语言，主要用于科学计算。不过这一时期的电子计算机为接下来计算机的发展指明了方向。

2) 第二代计算机(1958年~1964年)

晶体管计算机，基本元件是半导体晶体管。1947 年，晶体管的发明引起了计算机硬件的飞跃。由于晶体管相对真空管的巨大优势，计算机开始使用晶体管制造电子元件，这样的电脑被称作第二代计算机。相对真空管计算机，晶体管计算机无论是耗电量还是产生的热能都大大降低，可靠性和计算能力大为提高。程序设计语言使用 Fortran、COBOL 等高级语言，开始用于数据处理、事务管理和工业控制。

3) 第三代计算机(1965年~1971年)

集成电路计算机，基本元件是小规模集成电路和中规模集成电路。这一代计算机的特征是使用集成电路代替晶体管，使用硅半导体制造存储器。第三代计算机的可靠性和速度大为提高，运算速度每秒几十万次到几百万次。有了较成熟的操作系统软件，计算机的兼容性更好、成本更低、应用更广。鼠标也是在这个时期产生的。

4) 第四代计算机(1972年至今)

大规模集成电路计算机，基本元件是大规模和超大规模集成电路。这一代的计算机开始与目前通用的电脑相同。第四代计算机开始使用大规模集成电路和超大规模集成电路，出现了CPU、声卡、显卡、内存、主板、硬盘这些熟悉的电脑硬件，操作系统、数据库管理系统等系统软件也在不断发展。目前使用的微型计算机都属于第四代计算机。

3. 我国计算机发展

我国计算机研究起步晚、起点低，但随着改革开放的深入和国家对高新技术的扶持、对创新努力的倡导，计算机技术的水平正在逐步提高。

1956 年，开始研制计算机。

1958 年，研制成功第一台电子管计算机——103 机。1959 年，104 机研制成功，这是我国第一台大型通用电子数字计算机。1964 年，研制成功晶体管计算机。1971 年，研制成功以集成电路为主要器件的 DJS 系列机。这一时期，在微型计算机方面，我国研制开发了"长城""紫金""联想"系列机。

1983 年，我国第一台亿次巨型计算机——"银河"诞生。1992 年，10 亿次巨型计算机——"银河Ⅱ"诞生。1997 年，每秒 130 亿浮点运算、全系统内存容量为 9.15GB 的巨型机——"银河Ⅲ"研制成功。

1995 年，第一套大规模并行机系统——"曙光"研制成功。1998 年，"曙光 2000-Ⅰ"诞生，其峰值运算速度为每秒 200 亿次浮点运算。1999 年，"曙光 2000-Ⅱ"超级服务器问世，峰值速度达每秒 1117 亿次，内存高达 50GB。

1999 年，"神威"并行计算机研制成功，其技术指标居世界 48 位。

2001 年，中科院计算机所成功研制我国第一款通用 CPU——"龙芯"芯片。

2002 年，我国第一台拥有完全自主知识产权的"龙腾"服务器诞生。

2005 年，联想并购 IBM PC，一跃成为全球第三大 PC 制造商。

2008 年，我国自主研发制造的百万亿次超级计算机"曙光 5000"获得成功。

2009 年，国内首台百万亿次超级计算机"魔方"在上海正式启用。同年，中国第一台千万亿次超级计算机——"天河一号"亮相。

2010 年，中国曙光公司研制的"星云"千万亿次超级计算机排名世界第二。同年，中国研制的"天河一号"超级计算机，位居世界第一。我国大型计算机的发展可以总结为"银河"现"曙光"，中华显"神威"。

2016 年，在美国盐湖城公布的新一期 TOP500 榜单与 2017 年全球超级计算机 500 强榜单中，"神威·太湖之光"超级计算机以每秒 9.3 京次的计算能力获得冠军(1 京为 1 亿亿)。在 2019 年国际超级计算大会 ISC 公布的全球超级计算机 500 强榜单中，以每秒 12.5 京次的计算能力，位列全球第三的位置。该计算机目前主要用于医疗研究、预防自然灾害等。如图 1-1-3 所示。

2020 年 12 月，中国科学技术大学宣布该校潘建伟等人成功构建 76 个光子的量子计算原型机"九章"，求解数学算法高斯玻色取样只需 200 秒。这一突破使我国成为全球第二个实现"量子优越性"的国家。如图 1-1-4 所示。

图1-1-3　"神威·太湖之光"

图1-1-4　"九章"

二、认识计算机硬件系统

计算机系统分为软件系统和硬件系统。所谓软件(Software)，是指为方便用户使用计算机和提高使用效率而开发出来的程序以及用于开发、使用和维护的有关文档。硬件(Hardware)是"计算机硬件"的简称，与软件相对应，是电子计算机系统中所有实体部件和设备的统称。从基本结构上来讲，计算机可以分为五大部分：运算器、存储器、控制器、输入设备和输出设备。

从计算机的外部结构看，计算机可分为主机和外设两部分。计算机的主机主要由 CPU、主板、内存、硬盘、电源、机箱、显卡和声卡等构成。外设是外部设备或外围设备的简称，是指除计算机主机以外的硬件设备。外设可以简单理解为输入设备、输出设备和外存储器的统称，对数据和信息起着传输、转送和存储的作用。外设是计算机系统的重要组成部分。

1. 主机

主机是一个相对封闭的空间，其内部安装有主板、CPU、存储器等硬件设备。

1) 主板

主板又称系统主板，用于连接计算机的多个部件，如图 1-1-5 所示。它是微型计算机最基本、最重要的部件之一。主板主要包括 CPU 插槽、芯片组、BIOS 芯片、插槽和接口等。主流的主板还集成了声卡和网卡。

图1-1-5　主流主板

* CPU 插槽

CPU 插槽主要分为 Socket、Slot 这两种，就是用于安装 CPU 的插座。CPU 经过这么多年的发展，采用的接口方式有引脚式、卡式、触点式、针脚式等，针脚式接口应用最为广泛，对应到主板上就有相应的插槽类型。CPU 接口类型不同，在插孔数、体积、形状上都有变化，所以不能互相接插。

* 芯片组

芯片组是主板的控制中枢，它是随着集成电路工艺及微机结构的发展而发展起来的。人们将微型计算机中的大部分标准电路全部集成到几块大规模集成电路上，便产生了芯片组的概念。

芯片组作为主板的核心，起着协调和控制数据在 CPU、内存和各部件之间传输的作用。主板所采用的芯片型号决定了性能和级别。根据芯片的功能不同，芯片组分为南桥芯片和北桥芯片。其中南桥芯片一般位于 PCI 插槽的旁边，主要负责 I/O 接口的控制及硬盘等存储设备的控制，其作用是使所有数据都能得到有效的传输。南桥芯片决定了主板兼容性的好坏。北桥芯片一般位于 CPU 的旁边，它决定了 CPU 的类型、主频和内存的类型及最大容量等，并负责 CPU 与内存之间的数据传输。北桥芯片起着主导作用，也称主桥。由于北桥芯片的发热量较大，因此在其上装有用于散热的散热片。

随着 CPU 集成度的提高，Intel 和 AMD 已经将内存控制器集成到了 CPU 内部，Intel 的主流 CPU、AMD 的 APU 还集成了 GPU。因此，现在的主板上已经没有南北桥芯片之分了。

* BIOS芯片

BIOS 芯片为基本的输入/输出系统，它实际上是一组程序，该程序负责主板的一些最基本的输入/输出，其在开机后对系统的各部件进行检测和初始化。现在主板的 BIOS 芯片还具有电源管理、CPU 参数调整、系统监控、病毒防护等功能。

早期的 BIOS 通常采用 RPROM 芯片，用户不能更新版本。目前，主板上的 BIOS 芯片采用闪烁只读存储器。由于闪烁只读存储器可以电擦除，因此可以更新 BIOS 的内容，升级十分方便。但 BIOS 芯片也因此成为主板上唯一可被病毒攻击的芯片，BIOS 中的程序一旦被破坏，主板将不能工作。

● 插槽和接口

除了前面提到的部件之外，主板上还有许多插槽和接口。

内存插槽：主板的内存插槽对所支持的内存种类和内存数量有直接影响。目前，台式机系统主要有 SIMM、DIMM 和 RIMM 三种类型的内存插槽。

PCI-E 插槽：PCI-Express(Peripheral Component Interconnet Express)是一种高速串行计算机扩展总线标准，所连接的设备分配独享通道带宽，不共享总线带宽。凭借速率高、扩展性强的特点，PCI-E 插槽已经取代了 APG 插槽和 PCI 插槽，成为主板上的主力扩展插槽。PCI-E 规范有 5 个版本，主流的 PCI-E 3.0 传输速率是 8GT/s，最新的 PCI-E 4.0 传输速率达到 16GT/s。PCI-E 插槽有 x1、x2、x4、x8、x12、x16 和 x32 共 7 种规格，PCI-E x16 常用于显卡插槽，PCI-E x4 常用于固态硬盘，PCI-E x1 常用于网卡、网卡、声卡、视频采集卡，PCI-E 转接卡等多种外部扩展设备。除此之外，主板上还有其他外设接口，如 USB 接口、并行接口、串行接口等。

2) CPU

CPU 是计算机主要设备之一，是整个计算机系统的控制中心，其功能主要是解释计算机指令及处理计算机软件中的数据，其外形如图 1-1-6 所示。

CPU 由运算器和控制器(Control Unit，CU)两部分组成。

● 运算器

运算器是对数据进行加工处理的部件，它在控制器的作用下与内存交换数据，快速地对数据进行基本的算术运算和逻辑运算。运算器主要由算术逻辑单元(Arithmetic and Logic Unit，ALU)和寄存器构成。

图1-1-6　Intel "酷睿" 处理器

ALU 的功能是实施各种算术运算和逻辑运算。在计算机中，算术运算是指加、减、乘、除等基本运算；逻辑运算是指与、或、非、比较和移位等操作。ALU 最主要的构成部分是加法器、进位线路和移位线路。寄存器用于暂存即将参加某种操作的数据，如寄存参与算术运算的数据、运算的中间结果等。

运算器中还设有标志寄存器，它用来存放运算结果的特征，如进位标志(C)、零标志(Z)、符号标志(S)等。

● 控制器

控制器是计算机的控制中心，计算机的工作就在控制器的控制下有条不紊地协调进行。控制器根据指令的要求向计算机的各个部件发出操作控制信号，控制计算机的各个部件高效、协调地工作。

控制器的基本功能是负责从内存取出指令和执行指令。控制器的工作过程是：首先从内存中取出指令，并对指令进行分析，然后根据指令的功能要求向有关部件发出操作控制命令，控制它们执行这条指令规定的功能。一般当各部件执行完控制器发来的命令后，还会向控制器反馈执行的情况。这样逐一执行一系列指令，就可使计算机能够按照由这一系列指令组成的程序的要求自动完成各项工作。

控制器主要由程序计数器(Program Counter，PC)、指令寄存器(Instruction Register，IR)、指令译码器(Instruction Decoder，ID)、时序电路及操作控制器等组成。

3) 存储器

存储器是计算机的记忆和存储部件，主要用来存放信息。存储器按功能的不同可分为内存储器(简称内存或主存)和外存储器(简称外存或辅存)。内存存取速度快，但容量较小；外存相对存取速度慢，但容量较大。

- 内存储器

内存储器主要用于存放当前执行的程序和数据，一般由半导体器件构成。内存可以与CPU、输入/输出设备直接交换信息，CPU需要的指令和数据必须从内存中读取，而不能从其他输入/输出设备中获得。因此，内存是CPU和外部设备的枢纽。

内存根据基本功能的不同分为随机存取存储器(Random Access Memory，RAM)、只读存储器(Read Only Memory，ROM)和高速缓冲存储器(Cache，简称高速缓存)。

RAM：RAM就是通常所说的内存条，如图1-1-7所示。它的特点是其中存放的内容可随时供CPU读写，但断电后会完全丢失。目前常用的内存条的单个容量主要有4GB、8GB和16GB等不同的规格。在主板存储器插槽上插入内存条，可扩展内存。

图1-1-7　内存

ROM：ROM是一种在计算机运行过程中只能读出、不能写入和修改的存储器。它的最大特点就是信息在断电或关机后不会丢失，因此常用来存放重要的、常用的程序和数据，如检测程序、BIOS及其他系统程序等。目前，常用的ROM是可擦除、可编程的只读存储器(EPROM)，可通过编程器将数据或程序写入EPROM。

Cache：CPU的运算速度越来越快，而主存中数据访问的速度相对来说要慢得多，这一现象严重影响了计算机的运行速度。为此，引入Cache，它的存取速度与CPU的速度相当。Cache在逻辑上位于CPU与内存之间，其作用是加快CPU与RAM之间的数据交换速率。Cache技术的原理是：将当前急需执行及使用频繁的程序段和数据复制到Cache中。CPU在进行读写时，首先会访问Cache，因此Cache就像内存与CPU之间的"转接站"。如果CPU能在Cache中找到大部分要访问的数据，就能大大提高系统的运行速度。

- 外存储器

外存储器相对于内存来说，容量大，价格便宜，但存取速度慢，主要用于存放待运行的或需要永久保存的程序和数据。CPU不能直接访问外存储器，只有在外存储器中的内容被调入内存后，才能对其进行读取。现在常用的外存有硬盘、光盘和USB闪存驱动器等。

硬盘：硬盘是计算机的主要外部存储器，如图1-1-8所示。它由若干个同样大小的、表面涂有磁性材料的铝合金盘片环绕一个共同的轴心组成。每个盘片的上下两面各有一个读写磁头，磁头传动装置将磁头快速、准确地移到指定的磁道。硬盘按盘片直径大小可分为 3.5in(主要用于台式计算机)、2.5in(主要用于笔记本计算机)、1.8in(主要用于小型计算机)等。

硬盘采用"温彻斯特"技术，其特点是密封、固定；并采用高速旋转的镀磁盘片，磁头沿盘片径向移动，磁头悬浮在高速转动的盘片上方，而不与盘片直接接触。这也是硬盘的基本工作原理。

光盘：光盘用于记录数据，光盘驱动器如图 1-1-9 所示，用于读取数据，光盘的特点是记录数据密度高，存储容量大，数据可永久保存。

图1-1-8　硬盘

图1-1-9　外置光驱

明亮如镜的光盘是用极薄的铝质或金质音膜加上聚氯乙烯塑料保护层制作而成的。与硬盘一样，光盘也能以二进制数据(由"0"和"1"组成的数据模式)的形式存储文件和音乐信息。要在光盘上存储数据，首先必须借助计算机将数据转换成二进制，然后用激光将数据模式灼刻在扁平的、具有反射能力的盘片上。激光在盘片上刻出的小坑代表"1"，空白处代表"0"。当计算机从光盘上读取数据时，定向光束(激光)在光盘的表面迅速移动。从光盘上读取数据的计算机会观察激光经过的每一个点，以确定它是否反射激光。如果它不反射激光(那里有一个小坑)，那么计算机就知道它代表一个"1"；如果激光被反射回来了，计算机就知道这个点代表一个"0"。然后，这些成千上万或数以百万的"1"和"0"就被计算机恢复成文件或程序。

USB 闪存驱动器：USB 闪存驱动器又称 U 盘，是一种利用闪存技术存储信息的存储介质。它是一种通过 USB 接口与计算机交换数据的可移动存储设备。U 盘具有即插即用的功能，使用者只需将它插入 USB 接口，计算机就可以自动检测到该设备，其外形如图 1-1-10 所示。

图1-1-10　U盘

2. 输入输出设备

1) 输入设备

输入设备的功能是将以某种形式表示的程序和原始数据转化为计算机能够识别的形式，并送到计算机的存储器中。输入设备的种类有很多，微型计算机上常有的有键盘和鼠标。图 1-1-11 为标准的 107 键盘和鼠标。

图1-1-11　键盘和鼠标

● 键盘

键盘是计算机的重要输入设备之一，是向计算机输入文本及其他数据的首要方式。如今，个人计算机的标准键盘一般采用 107 键盘，该键盘在沿用打字机所采用的 QWERTY 布局的基础上，新增了功能键、方向键等计算机所需的按键；有些种类的键盘还设有一些额外的功能键。键盘的每个键上均标明了其所对应的字母、数字或功能。在用键盘向计算机输入数据时，通常一次只能按一个键，但也可能需要同时按下多个键，即组合键。每个按键所对应的功能也不是固定不变的，许多程序都会对键盘的各个按键的功能重新进行定义，因此在使用时需要根据实际情况来确定按键的功能。

● 鼠标

鼠标是另外一种常见的计算机输入设备，广泛用于图形用户界面环境。鼠标通过 USB 接口或 PS/2 串口与主机连接。鼠标的工作原理是：当移动鼠标时，鼠标把移动距离及方向的信息转换成脉冲信号送入计算机，计算机再将脉冲信号转变成光标的坐标数据，从而达到指示位置的目的。按照感应位移变化的方式不同，可将鼠标分为机械鼠标、光电鼠标等。

2) 输出设备

输出设备是人与计算机进行交互的一种设备，它能够将计算机内部以二进制代码形式表示的信息转换为用户所需且能识别的形式(如十进制数字、文字、符号、图形、图像、声音)，以及其他系统所能识别的信息形式。在微型计算机系统中，输出设备主要有显示器、打印机及绘图仪等。

● 显示器

显示器的作用是将电信号表示的二进制代码信息转换为直接可以看到的字符、图形或图像。常用的显示器有 CRT 显示器、LCD 显示器和 OLED 显示器，其中 LCD 目前是主流，面板材质主要有 TN、IPS(推荐)和 VA 三种，主流尺寸 24 寸左右，比例 16：9。显示器有分辨率、刷新率、色域和色准等技术指标。分辨率指的是显示器在水平方向和垂直方向上最多可以显示的像素个数。常用的分辨率有 1920×1080(全高清)、2560×1440(2k)、3840×2160(4k)、7680×4320(8k)等。分辨率越高，图像越细腻、逼真。刷新频率是指图像在屏幕上的更新速度，即屏幕上每秒显示全画面的次数，单位是 Hz。当刷新频率在 75Hz 以上时，屏幕的闪烁感不易被人眼察觉。色准就是色彩还原准确度，用 ΔE 值表示显示器与标准值之间差距的大小。ΔE<3，人眼基本上看不出色彩的区别，达到专业显示器的标准，ΔE≤2，可以使得显示器色彩与打印输出的色彩一致。

● 打印机

打印机是将计算机的运算结果或中间结果以人眼所能识别的数字、字母、符号、图形及图像等形式打印在纸上的设备。按印字方式不同，可以将打印机分为击打式打印机和非击打式打印机。击打式打印机利用机械动作将所需打印的内容通过色带打印在纸上。非击打式打印机利用物理或化学方法(如静电感应、电灼、热敏效应、激光扫描和喷墨等)印刷字符。其中，激光打印机和喷墨打印机是目前使用最多的两种打印机，激光打印机如图 1-1-12 所示。

图1-1-12 激光打印机

- 绘图仪

绘图仪是一种专用输出设备，主要用于工程图纸的输出。绘图仪直接由计算机或数字信号控制，能够自动输出各种图形、图像和字符，是计算机辅助制图和计算机辅助设计中广泛使用的一种绘图设备，传统绘图仪绘图时采用的是绘图笔输出形式，出图较慢；而新型的绘图仪采用喷墨方式绘图，出图速度快、质量高。

三、计算机软件系统

计算机软件系统可分为系统软件和应用软件两类。

用户与计算机软件系统和硬件系统的关系如图 1-1-13 所示。

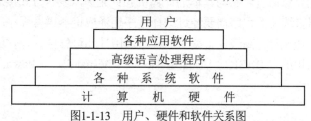

图1-1-13 用户、硬件和软件关系图

1. 系统软件

系统软件由一组控制计算机系统并管理其资源的程序组成，其主要功能包括启动计算机，存储、加载和执行应用程序，对文件进行排序、检索，将程序语言翻译成机器语言等。实际上，系统软件可以看成用户与计算机的接口。它为应用软件和用户提供了控制、访问硬件的手段，这些功能主要由操作系统完成，此外，编译系统和各种工具软件也属此类，它们从另一方面辅助用户使用计算机。常用的系统软件主要有操作系统、语言处理程序和一些常用的服务程序。

1) 操作系统

- 操作系统的定义

操作系统是控制和管理计算机系统内各种硬件和软件资源、有效地组织各种应用程序运行的系统软件，是用户与计算机之间的接口。

- 操作系统的功能

操作系统的功能主要有存储管理功能、处理机管理功能、设备管理功能、文件管理功能、用户接口等。

- 操作系统的地位

硬件是软件建立与活动的基础，而软件是对硬件功能的扩充。操作系统是"裸机"(没有安装软件的机器)之上的第一层软件，与硬件关系尤为密切。操作系统是整个计算机系统的控制管理中心，其他所有软件都建立在操作系统之上。

2) 语言处理程序

程序设计语言是用户用来编写程序的语言，分为机器语言、汇编语言和高级语言三种。

- 机器语言

机器语言由一系列二进制代码构成，可以直接被计算机识别并执行。对于不同的计算机硬件，机器语言是不同的，针对某一类计算机编写的机器语言程序不能在其他类型的计算机上运行。机器语言的执行效率高、占用内存少，但是用机器语言编写的程序可读性差、编程难度大。

- 汇编语言

汇编语言使用指令助记符来代替操作码，使编程更简单、修改更方便、可读性更好。由于计算机只能识别机器语言，因此使用汇编语言编写的程序必须翻译成机器语言，把汇编语言翻译成机器语言的过程称为汇编，其中使用的翻译程序叫汇编程序。

机器语言和汇编语言都依赖机器，与计算机的硬件直接相关，都是面向机器的语言，称为低级语言。

- 高级语言

高级语言又称为算法语言。它与具体的计算机硬件无关，表达方式接近于被描述的问题，易于理解。用高级语言编写的程序需要经过编译程序翻译成机器语言程序后才能执行，也可以通过解释程序边解释边执行。高级语言编写的程序通用性和可移植性好。目前世界上有上百种计算机高级语言，常用的有 BASIC、Visual Basic、C、Visual C++、Pascal、Delphi、Fortran、Java、Python 等。

3) 工具软件

工具软件又叫服务软件，是开发和研制各种软件的工具。常见的工具软件有调试程序、编辑程序、诊断程序和连接装配程序。

2. 应用软件

应用软件是为解决各种实际问题而专门设计的计算机程序，具有很强的实用性和专业性。由于计算机的日益普及，应用软件种类越来越多，主要有信息管理软件、办公自动化软件、文字和数据处理软件、计算机辅助设计软件和网络通信软件等。

表 1-1-1 中列出了工作或娱乐中经常用到的软件及其说明，可以购买相应的软件光盘或通过网络下载来获取所需的软件。

表1-1-1 常用应用软件推荐

工作或娱乐	应用软件推荐	说明
办公软件	Office	使用最为广泛的办公软件，包含多个组件，如使用 Word 组件编辑文档、使用 Excel 组件制作电子表格、使用 PowerPoint 组件制作课件等

（续表）

工作或娱乐	应用软件推荐	说明
压缩/解压缩工具	WinRAR	从网上下载的文件多数是经过压缩的，WinRAR 是目前最好用的压缩/解压缩工具
图像处理	Photoshop	功能最强大的图像处理软件
多媒体播放	暴风影音	利用 Windows Media Player 可以播放大多数在线视频或音频；而暴风影音则可以播放几乎任何格式的视频
杀毒软件	360、瑞星、诺顿或卡巴斯基	只要电脑上网，便会遇到许多病毒，为避免遭受病毒侵害，安装杀毒软件是必需的
下载工具	迅雷(Thunder)	下载软件可以提高下载文件的速度，而且支持断点续传(即如果发生意外使下载中断，第二次可从中断的地方继续下载)
网络防火墙	瑞星个人防火墙或 360 安全卫士	安装个人防火墙能阻挡一些低级的黑客攻击
通信工具	QQ、微信	利用它们可方便地与远方的朋友或商业伙伴交流

四、计算机中数的表示

在日常生活中，我们会遇到不同进制的数，使用最多的是十进制数，也有其他的进制，例如，一周七天，一小时六十分钟等。但计算机只能识别二进制数。

1. 数制

数制也称计数制，是指用一组固定的符号和统一的规则来表示数值的方法。编码是采用少量的基本符号，选用一定的组合原则以表示大量复杂多样的信息技术。计算机是信息处理的工具，任何信息都必须转换成二进制数据后才能由计算机进行处理、存储和传输。

1) 计算机的数据单位

在计算机内部，所有数据都是采用二进制数的编码来表示的。为了衡量计算机中数据的量，人们规定了一系列表示数据量的常用单位，常用的数据单位有位、字节、字等。

●　位

位(bit)又称比特，是计算机中最小的数据单位，表示一位二进制编码。计算机中最直接、最基本的操作就是对二进制位进行的操作。

●　字节

字节(byte)简写为 B，一个字节由 8 个二进制数位组成，是计算机中用来表示存储空间大小的基本容量单位。计算机存储器(包括内存储器和外存储器)通常是以字节为单位来表示容量的。除用字节为单位表示存储容量外，还可以用千字节(KB)、兆字节(MB)、吉字节(GB)以及太字节(TB)等表示存储容量。它们之间存在下列换算关系：

1B=8bit　　1KB=1024B　　1MB=1024KB　　1GB=1024MB　　1TB=1024GB

●　字

字(Word)，又称计算机字。在计算机中作为一个整体一次被存取、传送、处理的二进制位数，称为字长。一个字由若干个字节组成，不同的计算机系统的字长是不同的，常见的有 8 位、16 位、32 位、64 位等。字长越长，计算机一次处理的信息位就越多，精度就越高，字长是计算机性能的一个重要指标。目前，主流微型计算机都是 32 或 64 位机。

2) 数制的基本概念

- 进位计数制

按进位的原则进行计数，称为进位计数制。在日常生活中，一周七天，逢七进一；一小时六十分钟，逢六十进一等。

- 基数

在进位计数制中，每个数位上允许使用数码的个数是基数。例如：十进制数，基数是 10；十六进制数，基数是 16；八进制数，基数是 8；二进制数，基数是 2。

- 权

以基数为底，数码所在位置的序号为指数的整数次幂(整数部分各位的位置序号为 0)，称为这个数码的权。例如，$(28.6)_{10}$ 是十进制数，基数是 10，其中 2 的权是 10^1，8 的权是 10^0，6 的权是 10^{-1}。

3) 常用数制

- 二进制数

以 2 为基数，以 0、1 作为数字符号，按逢二进一规则来计数，约定在数据后加上字母 "B" 表示二进制数据。例如二进制数 1001 可表示成 1001B，也可以表示成 $(1001)_2$。

- 八进制数

以 8 为基数，以 0、1、2、3、4、5、6、7 作为数字符号，按逢八进一规则来计数，约定在数据后加上字母 "O" 表示八进制数据。

- 十进制数

以 10 为基数，以 0、1、2、3、4、5、6、7、8、9 作为数字符号，按逢十进一规则来计数，约定在数据后加上字母 "D" 表示十进制数据。

- 十六进制数

以 16 为基数，以 0、1、2、3、4、5、6、7、8、9、A、B、C、D、E、F 作为数字符号，按逢十六进一规则来计数，约定在数据后加上字母 "H" 表示十六进制数据。

4) 数制之间的转换

- R(二、八、十六)进制向十进制的转换

在十进制系统中，任何一个数都可以采用如下多项式来表示。

$(76512.49)_{10}=7\times10^4+6\times10^3+5\times10^2+1\times10^1+2\times10^0+4\times10^{-1}+9\times10^{-2}$

从上式可以看出，一个十进制数等于每一位上的数码和其所对应的位权相乘，再把各个乘得的结果相加。其他进制也适用这一原则，其最终的计算结果即为十进制数。例如：

$(101.1)_2=1\times2^2+0\times2^1+1\times2^0+1\times2^{-1}=(5.5)_{10}$

$(73.4)_8=7\times8^1+3\times8^0+4\times8^{-1}=(59.5)_{10}$

$(5B)_{16}=5\times16^1+11\times16^0=(91)_{10}$

- 十进制向R(二、八、十六)进制的转换

将一个数从十进制转换为 R 进制时(R 为基数)，需要将该数分为整数部分和小数部分两部分，并分别采取不同的转换方法。

对整数部分：除基取余，至零为止，最后一个余数是转换后 R 进制数的最高位，第一个余

数是转换后 R 进制数的最低位。

对小数部分：乘基取整，至零或到精度为止，第一个整数是转换后 R 进制数的最高位，最后一个整数是转换后 R 进制数的最低位。

2. 数据编码

1) 西文字符的编码

目前计算机中最常用的西文字符编码为 ASCII 码，即美国信息交换标准码，该编码被国际标准化组织指定为国际标准。ASCII 码有 7 位码和 8 位码两种版本，基本的 ASCII 码用一个字节中的低 7 位(最高位置 0)表示一个西文字符的编码，共可表示 $2^7=128$ 个字符。

2) 汉字编码

1980 年，我国颁布了第一个汉字编码的国家标准：《信息交换用汉字编码字符集·基本集》，简称国标码，其代号为 GB2312-80。该字符集共收录 6763 个汉字(其中一级汉字 3755 个，二级汉字 3008 个)和 682 个基本图形字符，共计 7445 个字符。

3) 其他语言文字编码

- BIG-5 码

目前在中国台湾地区、中国香港特别行政区通行的一种繁体字编码标准。

- GBK 编码

扩展汉字编码，共收录了 21003 个汉字和 883 个符号。

- Unicode 编码

它是国际标准化组织制定的一个编码标准，该编码将中文、英文、日文、俄文等世界上几乎所有的文字统一起来考虑，为每个文字分配一个统一且唯一的编码，以满足跨语言、跨平台进行文本转换和处理的要求。

五、新一代信息技术

人工智能(Artificial Intelligence)、大数据(Big Data)、云计算(Cloud Computing)组成的"ABC"已经是公认的技术趋势。而云计算和大数据除了给人工智能提供算力支持和数据支持以外，它们还将众多来自政府、企业以及个人用户的需求更紧密地结合起来，衍生出了更为广阔的应用空间和发展潜力。云计算与大数据将引领信息技术的新一轮潮流，它们正影响着人们生活、生产的方方面面，并将继续更深层次地推动社会高效发展。

1. 云计算

2006 年 8 月 9 日，Google 的首席执行官埃里克·施密特在搜索引擎大会上，首次提出了"云计算"(Cloud Computing)的概念。它表达的是：随时获取，按需使用，随时扩展，按使用付费，让计算能力和软件变得像电力或者自来水一样容易获得；只需要一台能够连上互联网的设备，就可以使用任何想要的资源。

云计算是分布式计算的一种升级，是分布式计算、效用计算、负载均衡、并行计算、网络存储、热备份冗杂和虚拟化等计算机技术混合演进并跃升的结果。云计算的目的是提升效率，策略就是把资源放到云端，然后大家按需付费使用，是一种"共享经济"思维。

云计算具备下列几个特性：弹性扩容、按需付费、敏捷部署、高效运维。简单说，就是企业需要多少运算服务资源直接买多少并为之付费即可，部署和运维也都很高效便捷。这种云端计算运力资源的共享化，让企业和个人做到真正的按需索取、按量付费，因此能很好地避免资源浪费，进而提升企业和社会的生产效率，毕竟为企业节省下的每一分钱都是将来利润的来源，扩展到整个社会就是生产效率的提升。

对于不同需求层次的企业，云计算可以提供差异化的服务：服务模式有 IaaS、PaaS、SaaS，部署模式有公有云、私有云、混合云。这就可以组合出很有针对性的个性化产品服务，继而可以最大限度地满足不同需求的企业，在算力规模、服务模式、安全级别等方面更高效地提升企业效率。

2. 大数据

大数据指无法在一定时间范围内用常规软件工具进行捕捉、管理和处理的数据集合，是需要新处理模式才能具有更强的决策力、洞察发现力和流程优化能力的海量、高增长率和多样化的信息资产。正是这些以指数级增长的海量数据不能以常规工具捕捉处理，就更凸显出对大数据进行高效采集清洗的价值，让这些含有意义的数据在进行专业化处理后实现数据的"增值"。

最常见也最容易被大家理解的一个实例就是：对大量消费者提供产品或服务的企业可以利用大数据进行精准营销。阿里、腾讯、百度、今日头条、美团等互联网巨头都在用，并且运用得炉火纯青。所谓的"千人千面"，给用户提供足够个性化的产品与服务，这就是最普遍的大数据应用。

现在的社会是一个高速发展的社会，科技发达，信息流通，人们之间的交流越来越密切，生活也越来越方便，大数据就是这个高科技时代的产物。人们毫无争议地处在一个信息爆炸的时代，以前总是抱怨数据信息不够多，但海量数据真的放到面前，又不知道该如何处理和运用这些信息了。而大数据技术的产生就很好地解决了这个痛点，大数据在让生活更便利高效的同时，也给企业和社会带来了更多的效益。

3. 人工智能

人工智能是研究、开发用于模拟、延伸和扩展人的智能的理论、方法、技术及应用系统的一门新的技术科学。

人工智能是新一轮科技革命和产业变革的前沿领域，是培育新动能的重要方向。人工智能是计算机科学的一个分支，它企图了解智能的实质，并生产出一种新的能以人类智能相似的方式做出反应的智能机器。该领域的研究包括机器人、语言识别、图像识别、自然语言处理和专家系统等。人工智能从诞生以来，理论和技术日益成熟，应用领域也不断扩大，可以设想，未来人工智能带来的科技产品，将会是人类智慧的"容器"。人工智能可以对人的意识、思维的信息过程的模拟。人工智能不是人的智能，但能像人那样思考、也可能超过人的智能。当前全球人工智能正进入加速发展时期，在政策和市场的双重驱动下，我国人工智能发展取得了长足进步。

任务实练

1. 启动计算机

计算机有三种启动方式：冷启动、热启动和复位。

1) 冷启动

通过接通电源启动计算机的过程称为冷启动。

正确的开机顺序为：先打开打印机、显示器等外围设备，再打开主机电源。

2) 热启动

在主机已经接通电源的情况下启动计算机称为热启动。热启动的方法是同时按下【Ctrl+Alt+Del】组合键。当计算机出现死机或其他情况需要重新启动系统时，通常使用热启动方式。

3) 复位(Reset)

直接按主机上的复位按钮即为复位启动，当按下【Ctrl+Alt+Del】组合键重新启动计算机无效时，可以使用复位按钮重新启动计算机。

2. 计算机部件连接

1) 观看计算机部件连接视频。

2) 到中关村网站的 DIY 硬件版去了解一下计算机硬件。

任务总结

本任务主要内容为计算机系统组成，可总结为如图 1-1-14 所示。

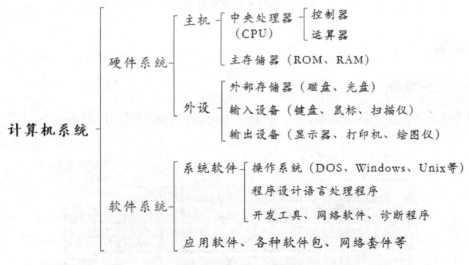

图1-1-14 计算机系统的组成

任务二 打印通知

汉字录入是人机对话的基础，掌握汉字录入技能是学习计算机操作的先决条件之一，是当代大学生的必修内容，也是工作中的必备技能。打字之前一定要指法正确、端正坐姿，否则不但会影响打字速度，而且还会很容易疲劳、出错。

任务情境

沈明在行政部经常会接到打印通知的紧急任务，因为需要快速完成，总是手忙脚乱，不得要领，于是沈明系统学习了使用计算机进行汉字录入。

任务展示

本任务打印通知的效果图如图 1-2-1 所示。

通　知

尊敬的客户：

　　由于我行支付系统将在 2017 年 9 月 2 日 14:00 至 3 日 9:00 进行升级并暂停小额支付，在此期间若我行客户急需完成到沈阳市兴业银行账户的转账交易可到我行各网点通过大额支付系统办理，或者通过我行的网银加急通道办理，9 月 3 日 9:00 后一切恢复正常，请相互转告，谢谢！

沈阳市兴业银行

2017 年 9 月 1 日

图1-2-1　打印通知效果图

任务实施

一、认识键盘

整个键盘分为五个区：功能键区、主键盘区、编辑键区、辅助键区和状态指示区，如图 1-2-2 所示。

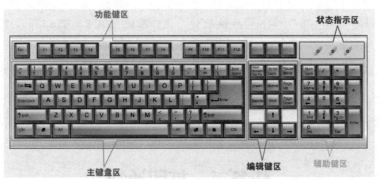

图1-2-2　键盘分区图

1. 主键盘区

对于打字来说，最主要的是熟悉主键盘区各个键的用处。主键盘区除包括 26 个英文字母、10 个阿拉伯数字和一些特殊符号外，还附加一些功能键：

(1)【Back Space】：退格键，删除光标前一个字符。

(2)【Enter】：换行键，将光标移至下一行的行首。

(3)【Shift】：字母大小写临时转换键；与双符号键同时按下，输入上方符号。

(4)【Ctrl】、【Alt】：控制键，必须与其他键一起使用。

(5)【Caps Lock】：锁定键，将英文字母锁定为大写状态。

(6)【Tab】：跳格键，将光标右移到下一个跳格位置。

(7)【Space】：空格键，输入一个空格。

2．功能键区

【F1】~【F12】：功能根据具体的操作系统或应用程序而定。

3．编辑键区

编辑键区中包括插入字符键【Ins】，删除当前光标位置的字符键【Del】，将光标移至行首的【Home】键和将光标移至行尾的【End】键，向上翻页【Page Up】键和向下翻页【Page Down】键，以及上下左右箭头。

4．辅助键区

辅助键区(小键盘区)有 9 个数字键，可用于数字的连续输入，用于输入大量数字的情况，例如财会的数据输入方面。

5．状态指示区

【NUM】键是数字开关灯，用来指示辅助键区数字键的状态。指示灯亮时，可以输入数字；指示灯关闭时不能输入数字，只能执行辅助键区数字键对应的方向键。

【CAP】键是大小写开关灯，用来指示键盘字母键的大小写状态。指示灯亮时，只能输入大写字母；如果指示灯关闭，就只能输入小写字母。

【SCR】键是滚动锁开关灯，指示灯亮时表示滚动锁在起作用，反之滚动锁不起作用。

二、端正姿势

打字之前一定要端正坐姿，正确的坐姿应该是：上身挺直，稍偏于键盘左方，略微前倾，离键盘的距离约为 20~30 厘米。两肩放松，双脚平放在地上，手腕与肘形成一条直线，手指自然弯曲轻放在基准键上，手臂不要过度张开，击键时力度要均衡，如图 1-2-3 所示。

三、使用金山打字通软件练习英文提速

金山打字通(TypeEasy)是金山公司推出的两款教育系列软件之一，是一款功能齐全、数据丰富、界面友好、集打字练习和测试于一体的打字软件。循序渐进突破盲打障碍，摆脱枯燥学习。

图1-2-3　正确的打字姿势

软件包含联网对战打字游戏、易错键常用词重点训练、纠正南方音模糊音、提供五笔反查工具、配有数字键录入、同声录入等 12 项职业训练等。

1. 金山打字通2016使用方法

(1) 首页分为新手入门、英文打字、拼音打字和五笔打字，如图 1-2-4 所示。单击上方【登录】按钮，可以录入自己的昵称，昵称将显示在上方。

(2) 单击【新手入门】按钮，如图 1-2-5 所示，可以分别进行打字常识学习，以及字母键位、数字键位、符号键位和键位纠错练习。

图1-2-4　金山打字通首页

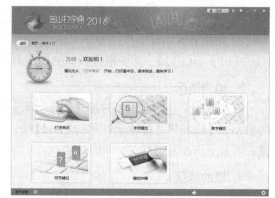

图1-2-5　新手入门页面

(3) 单击首页【英文打字】按钮，进入英文打字练习页面。英文打字练习分为单词练习、语句练习和文章练习，如图 1-2-6 所示。

(4) 在单词练习部分，通过配图引导以及合理的练习内容安排，快速熟悉、习惯正确的指法，由键位记忆到英文文章全文练习，逐步盲打并提高打字速度。

图1-2-6　英文打字页面

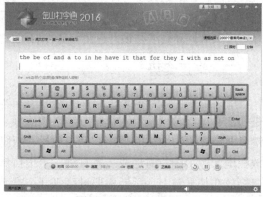

图1-2-7　单词练习页面

2. 规范指法

字符键基本指法：不击键时，手指放在基准键上，击键时手指从基准键位置伸出，手指位置，如图 1-2-8 所示。

左右手指放在基准键上；击完键迅速返回原位；食指击键注意键位角度；小指击键力量保持均匀；数字键采用跳跃式击键。

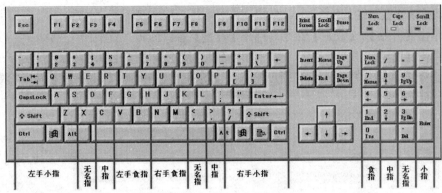

图1-2-8   键盘指法图

字符【A】、【S】、【D】、【F】、【J】、【K】、【L】、【；】这八个键称为基准键。其中【F】和【J】键上有一段凸起的横线，以便食指触摸定位。练习键盘输入时，要双手并用、十指分工，不要用单手、单指操作。双手大拇指放在空格键上，左右手的食指分别放在【F】和【J】键上，其他手指按顺序摆放，分工击键，击键完毕，手指应迅速返回到基准键上，如图1-2-9所示。

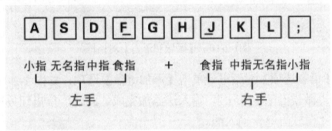

图1-2-9   基准键位图

3. 盲打练习

在初步熟悉键盘上各键位的分布以后，要记住每个键的键位以及手指分工，从熟悉的某篇文章开始，坚持使用盲打，错了重来，直到熟练盲打该文章为止。然后换文章直至能够完全掌握盲打。

初学打字，一定掌握适当的练习方法，长远来看，以严格态度练习指法比暂时提高自己的打字速度更为重要。练习时注意：

① 一定把手指按照分工放在正确的键位上。

② 有意识慢慢地记忆键盘各个字符的位置，体会不同键位上的字键被敲击时手指的感觉，逐步养成不看键盘的输入习惯。

③ 进行打字练习时必须集中注意力，做到手、脑、眼协调一致，尽量避免边看原稿边看键盘，这样容易分散记忆力。

④ 对于初级阶段的练习，即使速度慢，也一定要保证输入方法的准确性。

四、添加/删除输入法

在进行中文录入时，经常要对输入法进行添加和删除。例如添加/微软五笔输入法的步骤如下：

1. 添加微软五笔输入法

(1) 单击【开始】/【设置】命令，打开【设置】窗口。

(2) 单击【时间和语言】选项，弹出的对话框左侧选择【区域和语言】。

(3) 选择【中文(中华人民共和国)Windows 显示语言】选项，单击下方【选项】按钮，如图 1-2-10 所示。

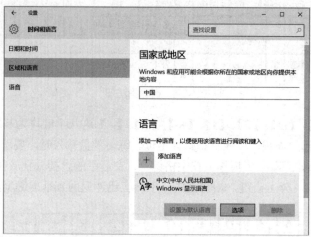

图1-2-10 【区域和语言】对话框

(4) 在弹出的【语言选项】对话框，单击【添加键盘】选项，如图 1-2-11 所示，在弹出的语言选项里面选择"微软五笔输入法"，输入法添加完成。此时，单击任务栏中的"输入法"图标，会发现多了"微软五笔"输入法。

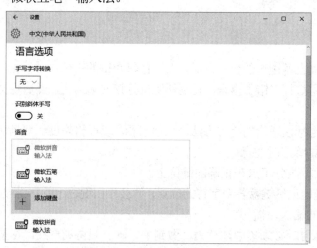

图1-2-11 【语言选项】对话框

2. 删除微软五笔输入法

为了快速地切换输入法，可以将不常使用的输入法删除，具体操作如下：

(1) 打开【语言选项】窗口。

(2) 单击"微软五笔输入法"右侧的【删除】按钮，可删除该输入法，如图 1-2-12 所示。

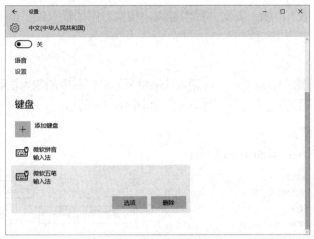

图1-2-12 删除输入法对话框

五、使用金山打字通软件进行中文练习

1. 熟悉拼音输入法

中文输入法，又称为汉字输入法，是指为了将汉字输入计算机而采用的编码方法，是中文信息处理的重要技术。

1) 中文输入法分类

- 音码：根据汉字的读音特征进行编码。例如：全拼、简拼、双拼等输入法。
- 形码：根据汉字结构、笔画、书写顺序等汉字字形特征进行编码。例如：五笔字型输入法。
- 音形混合码：既利用汉字的读音特征，又利用汉字字形特征进行编码。例如：自然码输入法。

2) 常见拼音输入法

拼音输入法有多种，如智能 ABC、全拼、QQ 拼音、拼音加加、搜狗输入法等，其中拼音加加、搜狗输入法比较突出，搜狗输入法更新较快，使用用户较多。下面介绍搜狗输入法的特点：

- 特殊符号，有自定义标点功能。
- 使用习惯定义，如双拼、模糊音、横竖排。
- 偏旁辅助输入，方便输入生僻字。
- 五笔输入：按U键，就可以用"横竖撇点折"来输入任何不会拼写的字。
- 自定义词库：多行输入，丰富了日期变量的输入(加入了时间、星期，还可以拆分出年月日时分秒)，还创造性地添加了排序属性和是否启用属性。
- 提供词库：搜狗提出了"细胞词库"的概念，既方便了输入，又减小了需要检索的词库。
- 生词记忆：搜狗输入法有较强的记忆功能，输入生词后，再次输入时就可以直接作为词组输入了。
- 联网：记忆的生词可以自动上传下载，使用习惯定义也可以手动上传下载。

- 中英文混合输入：输入英文并回车输入，搜狗对网址输入做了很多优化，常用网址会有提示。

3）切换输入法

单击任务栏上的输入法图标，出现输入法菜单后，单击其中的输入法菜单项即可。也可通过快捷键【Ctrl+Shift】快速选择汉字输入法，如图1-2-13所示。

4）中文输入法窗口

以搜狗输入法为例，如图1-2-14所示。

图1-2-13　切换输入法　　　　　　　　图1-2-14　搜狗输入法窗口

- 【图标】：搜狗输入法的标志。
- 【中/英文切换】：单击左键或按【Ctrl+Space】键即可更改。
- 【全/半角切换】：全角、半角指的是字母、数字所占位置多少，单击左键或者按【Shift+Space】即可更改。半角为1个字符位置，例如：a b c 1 2 3。全角为两个字符位置，例如：ａ　ｂ　ｃ　１　２　３。
- 【中英文标点切换】：单击左键或用快捷键【Ctrl+.】，即可更改。
- 【软键盘】：用来输入特殊符号或其他语言。在【软键盘】按钮上单击右键，出现【软键盘】菜单，选择【软键盘】选项，在级联菜单中单击相应符号，输入完毕后单击【输入法】按钮，关闭【输入法】菜单。

2. 使用金山打字通练习汉字录入

拼音输入法除了用【v】键代替韵母"ü"外，没什么特殊的规定，按照汉语拼音发音输入就可以。在金山打字通2016主界面选择【拼音打字】，进入到【拼音打字】窗口，如图1-2-15所示。

拼音打字练习包括拼音输入法、音节练习、词组练习、文章练习。在音节练习阶段，了解拼音打字的方法，还可以帮助用户学习标准的拼音。此外，还可以进行速度测试。

提示：

【Ctrl+Shift】：输入法循环切换键(每按一次，变换一种输入法)。【Ctrl+Space】：中/英文输入法切换键。【Shift+Space】：全角和半角切换键。

单击【文章练习】按钮，进入文章练习界面，如图1-2-16所示。此时，单击右上角【课程选择】下拉框，可以选择相应的默认课程进行练习，单击【自定义课程】可以添加计算机中文章进行练习。单击右下角【测试模式】按钮，可以切换到测试模式进行速度测试。

图1-2-15　【拼音打字】窗口

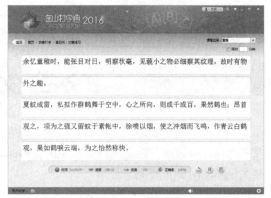

图1-2-16　文章练习界面

任务实练

1. **打开写字板，录入通知信息，并排版打印。**

(1) 单击【开始】/【Windows 附件】/【写字板】命令，打开写字板应用程序，输入以下内容，如图 1-2-17 所示。设置字体为宋体；选择第一行，字号设置为 16，居中。其余字号为 10.5；正文第二段设置首行缩进 0.74 厘米；最后两行设置为右对齐。

图1-2-17　打印通知

(2) 把上述内容复制到 Word 中，尝试进行设置。将正文第二段设置首行缩进 2 字符，其他设置同上。

2. **网络资源下载**

(1) 使用百度搜索引擎，查找打开学校网站，并保存学校网站首页。下载保存任一张网站新闻图片。保存网站新闻任意一段内容。

(2) 使用百度搜索引擎，下载安装金山打字通 2016 并安装。

任务总结

学习需要总结，打字也不例外，要经常测试速度，找出不足。除了拼音录入以外，专业录入多使用五笔字型输入法。学习五笔打字教程,首先需要背诵五笔字根表,逐步通过字根练习、单字练习、词组练习和文章练习,循序渐进掌握五笔输入法,在项目二将详细介绍五笔输入法。

任务三　文件整理存放

计算机中的资源是以文件的形式进行保存的,而文件通常存储在文件夹中,文件和文件夹又都存储在磁盘中。在管理计算机中的资料时,对文件和文件夹进行分类整理,可以节省查找相关资料的时间,提高工作效率。

任务情境

行政助理沈明按照工作需要,在 D 盘上创建一个名为"工作"的文件夹,在"工作"文件夹下再建立两个文件夹,分别命名为"工作要点"和"工作重点",对工作文件分类整理。

任务展示

本任务文件整理存放的结果如图 1-3-1 所示。

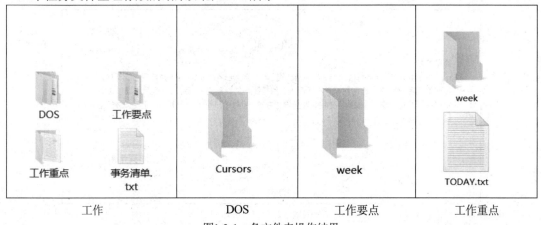

图1-3-1　各文件夹操作结果

背景知识

Windows 10 是 2015 年美国微软公司正式发布的新一代跨平台及设备应用的操作系统,可实现应用程序在跨设备间的无缝操作,使不同硬件平台拥有相同的操作界面和使用体验。Windows 10 分为家庭版(Home)、专业版(Professional)、企业版(Enterprise)、教育版(Education)、专业工作站版(Windows 10 Pro for Workstations)、物联网核心版(Windows 10 IoT Core)。

Windows 10 操作系统拥有一系列新功能和特性,如可使用脸部、虹膜或指纹等生物特征认证来解锁设备及服务的 Windows Hello 功能等,可为用户带来更加个性化和更安全的使用体验。

一、Windows 10操作系统主要功能和特性

1. 生物识别技术

Windows 10 所新增的 Windows Hello 功能将带来一系列对于生物识别技术的支持。除了常见的指纹扫描之外，系统还能通过面部或虹膜扫描来进行登录。当然，需要使用新的 3D 红外摄像头来获取到这些新功能 。

2. Cortana搜索功能

Cortana 可以用来搜索硬盘内的文件，系统设置，安装的应用，甚至是互联网中的其他信息。作为一款私人助手服务，Cortana 还能像在移动平台那样设置基于时间和地点的备忘。

3. 平板模式

微软在照顾老用户的同时，也没有忘记随着触控屏幕成长的新一代用户。Windows 10 提供了针对触控屏设备优化的功能，同时还提供了专门的平板电脑模式，开始菜单和应用都将以全屏模式运行。如果设置得当，系统会自动在平板电脑与桌面模式间切换。

4. 桌面应用

微软放弃激进的 Metro 风格，回归传统风格，用户可以调整应用窗口大小了，久违的标题栏重回窗口上方，最大化与最小化按钮也给了用户更多的选择和自由度。

5. 多桌面

如果用户没有多显示器配置，但依然需要对大量的窗口进行重新排列，那么 Windows 10 的虚拟桌面应该可以帮到用户。在该功能的帮助下，用户可以将窗口放进不同的虚拟桌面当中，并在其中进行轻松切换，使原本杂乱无章的桌面也就变得整洁起来。

6. 开始菜单进化

微软在 Windows 10 当中带回了用户期盼已久的开始菜单功能，并将其与 Windows 8 开始屏幕的特色相结合。点击屏幕左下角的 Windows 键打开开始菜单之后，不仅会在左侧看到包含系统关键设置和应用列表，标志性的动态磁贴也会出现在右侧。

7. 任务切换器

Windows 10 的任务切换器不再仅显示应用图标，而是通过大尺寸缩略图的方式内容进行预览。

8. 贴靠辅助

Windows 10 不仅可以让窗口占据屏幕左右两侧的区域，还能将窗口拖拽到屏幕的四个角落使其自动拓展并填充 1/4 的屏幕空间。在贴靠一个窗口时，屏幕的剩余空间内还会显示出其他开启应用的缩略图，点击之后可将其快速填充到这块剩余的空间当中。

9. 新的Edge浏览器

为了追赶 Chrome 和 Firefox 等热门浏览器，微软淘汰掉了老旧的 IE，推出了 Edge 浏览器。Edge 浏览器虽然尚未发展成熟，但它的确带来了诸多的便捷功能，比如和 Cortana 的整合以及快速分享功能。

10. 控制面板的改变

2020 年，在 Windows 10 最新版本中，Windows 控制面板链接入口点击后将不再打开经典

控制面板，取而代之的是设置 App，同时资源管理器、第三方应用中的快捷方式，也都被从控制面板中改到了设置 App，兼容性增强、安全性增强、在易用性、安全性等方面进行了深入的改进与优化。

二、运行环境最低配置

处理器：1 GHz 或更快的处理器

RAM：1 GB(32 位)或 2 GB(64 位)

硬盘空间：16 GB(32 位操作系统)或 20 GB(64 位操作系统)

显卡：DirectX 9 或更高版本(包含 WDDM 1.0 驱动程序)

分辨率：800 x 600

任务实施

在使用 Windows 10 进行文件管理之前，首先要启动 Windows 10 操作系统。

一、Windows 10操作系统启动

Windows 10 作为目前主流的 Windows 操作系统，其系统画面较以往的 Windows 操作系统发生了很大的变化。Windows10 启动、退出与重启操作与以往的操作系统相比也有一定的不同。

1. 开机启动Windows 10

启动 Windows 10，在登录系统之后就可以进行相关的操作。开机启动 Windows 10 的操作步骤如下：

(1) 接通电脑电源，按下计算机主机电源按钮。

(2) 在启动过程中，Windows 10 会进行自检和初始化硬件设备。

(3) 如果没有对用户帐户进行任何设置，系统将直接登录系统；如果设置了用户密码，则需要在"密码"文本框中输入密码，如图 1-3-1 所示，按回车键，系统开始验证密码。

(4) 登录系统后进入 Windows 10 桌面。

图1-3-1　Windows 10登录界面

2. 关机退出Windows 10

使用 Windows 10 完成所有操作后，就可以关机退出系统。关机退出 Windows 10 的操作步骤如下：

(1) 单机屏幕左下角【开始】按钮，弹出【开始】菜单，如图 1-3-2 所示。

(2) 在弹出的【开始】菜单中单击左下角【电源】按钮，并在弹出的菜单中选择【关机】选项，计算机在自动保存文件和设置后退出 Windows 10。

(3) 关闭显示器及其他外部设备的电源。

3. 重启

重启是指在使用计算机的过程中遇到某些故障，如出现死机、程序停止不运行、计算机没有反应等，而让系统自动修复故障并重新启动计算机的操作。重启时，被打开的程序将全部关闭并退出 Windows 10，然后计算机立即自动启动 Windows 10。

二、文件和文件夹管理

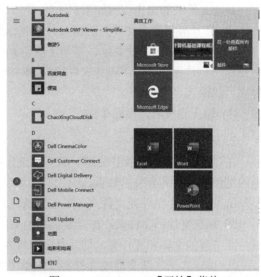

图1-3-2　Windows 10【开始】菜单

Windows 10 启动后，就可以使用【计算机】对文件和文件夹进行管理。文件名由文件主名和文件扩展名(Filename Extension，或称延伸文件名、后缀名)组成，中间用“.”分隔。文件扩展名是早期操作系统用来标志文件格式的一种机制。以 DOS 为例，文件扩展名跟在文件主名后面，由一个分隔符号分隔。如“example.txt”的文件名中，example 是文件主名，txt 为文件扩展名，“.”是文件主名和文件扩展名的分隔符号，表示这个文件是一个纯文本文件，如表 1-3-1 所示。

表1-3-1　文件扩展名

文件扩展名	说明	打开/编辑方式
docx	Word 文档	用微软公司的 Word 软件打开
txt	文本文档(纯文本文件)	记事本，网络浏览器等大多数软件均可打开
wps	WPS 文字编辑系统文档	用金山公司的 WPS 软件打开
xlsx	Excel 电子表格	用微软公司的 Excel 软件打开
pptx	PowerPoint 演示文稿	用微软公司的 PowerPoint 等软件打开
rar	WinRAR 压缩文件	用 WinRAR 等打开
htm 或 html	网络页面文件	用网页浏览器、网页编辑器(如 W3C Amaya、Dreamweaver 等)打开
pdf	可移植文档格式	用 PDF 阅读器打开(比如 Acrobat)、用 PDF 编辑器编辑
exe	可执行文件、可执行应用程序	用 Windows 视窗操作系统打开执行
jpg	普通图形文件(联合图像专家组)	用各种图形浏览软件、图形编辑器打开
png	便携式网络图形	用各种图形浏览软件、图形编辑器打开
bmp	位图文件	用各种图形浏览软件、图形编辑器打开
swf	Adobe Flash 影片	用 Adobe Flash Player 或各种影音播放软件打开
fla	swf 的源文件	用 Adobe Flash 打开

1. 新建文件夹

新建文件夹的操作步骤如下：

(1) 打开需要建立文件夹的窗口，将光标指向窗口的空白处。

(2) 右击后弹出快捷菜单，单击【新建】/【文件夹】命令。这时在窗口中将出现一个文件夹图标，其名称暂时为"新建文件夹"。直接输入需要建立的文件夹名，例如建立"工作"文件夹，就输入"工作"。

(3) 输入完成后，按回车键。

2. 选定文件和文件夹

在对文件和文件夹操作之前，首先要选定文件和文件夹。一次可选定一个或多个对象，选定的文件和文件夹会突出显示。

① 选定一个文件或文件夹：单击要选定的文件或文件夹。

② 框选文件和文件夹：在需要选择的文件夹窗口中，按下鼠标左键拖动，将出现一个框，框住要选定的文件和文件夹，然后释放鼠标左键。

③ 选定多个连续文件或文件夹：先单击选定第一个对象，按住【Shift】键的同时，单击最后一个要选定的文件或文件夹。

④ 选定多个不连续文件或文件夹：先单击选定第一个对象，按住【Ctrl】键的同时，分别单击各个要选定的文件或文件夹。

⑤ 选定文件夹中的所有文件或文件夹：按下【Ctrl+A】组合键。

3. 重命名文件和文件夹

右击要更改名称的文件或文件夹，在快捷菜单中单击【重命名】，输入新的文件或文件夹名称。

4. 复制文件和文件夹

复制就是把一个文件夹中的文件和文件夹复制一份到另一个文件夹中，原文件夹中的内容仍然存在，新文件夹中的内容与原文件夹中的内容完全相同。方法有如下三种：

① 鼠标拖动。选定要复制的文件和文件夹，按下【Ctrl】键，再用鼠标将选定的文件拖动到目标文件夹上，此时目标文件夹突出显示，然后松开鼠标左键和【Ctrl】键。

② 快捷键(或菜单)。选定要复制的文件和文件夹，按【Ctrl+C】键(或右击后在快捷菜单中的【复制】)执行复制；浏览到目标驱动器或文件夹，按【Ctrl+V】键(或右击后在快捷菜单中的【粘贴】)执行粘贴。

③ 发送。如果要把选定的文件和文件夹复制到 U 盘等移动存储器中，右击选定的文件和文件夹，单击快捷菜单中的【发送到】子菜单中的移动存储器。

5. 移动文件和文件夹

移动就是把一个文件夹中的文件和文件夹移到另一个文件夹中，原文件夹中的内容不再存在，都转移到新文件夹中。所以，移动也就是更改文件在计算机中的存储位置。方法有如下两种：

① 鼠标拖动。先选定要移动的文件和文件夹，用鼠标将选定的文件和文件夹拖动到目标文件夹上，此时目标文件夹突出显示，然后松开鼠标左键。

② 快捷键(或菜单)。选定要移动的文件和文件夹，按【Ctrl+X】键(或右击后在快捷菜单中

的【剪切】)执行剪切；切换到目标驱动器或文件夹，按【Ctrl+V】键(或右击后在快捷菜单中的【粘贴】)执行粘贴。

6. 隐藏文件和文件夹或驱动器

文件、文件夹或驱动器都有一个隐藏属性，默认设置下不显示隐藏的文件、文件夹或驱动器。

如果要设置或查看文件属性，右击某个文件、文件夹或驱动器图标，然后单击快捷菜单中的【属性】。选中【属性】后面的【隐藏】复选框，然后单击【确定】按钮。

7. 显示隐藏的文件和文件夹

选中要隐藏的文件和文件夹，选择【查看】选项卡，选中【隐藏所选项目】按钮，所选择的文件就隐藏不显示了。如果要显示隐藏的文件，选中"隐藏的项目"复选框就可以看到隐藏文件了。如果想查看所有文件的扩展名，选中"文件扩展名"复选框，就可以看到文件扩展名。

根据以上文件和文件夹基本操作方法，可以很方便地实现文件及文件夹管理。在实际工作过程中，要合理规划文件和文件夹的管理。

三、常用附件使用

记事本、画图是在工作中经常会用到的小附件。本任务中创建的 TXT 扩展名的文本文件，就是使用 Windows 附件中记事本软件。

1. 打开记事本，记录每天工作要点

打开记事本有很多种方式，一种是可以直接在【开始】菜单列表里面找到；还有一种是在【开始】菜单/【Windows 附件】里面找，记事本这种系统自带的小工具一般都可以在附件里面找到。

打开记事本后，要是不喜欢默认的字体，可以打开记事本界面【格式】菜单里的"字体"进行修改。可以修改字体、字形和大小，例如选择幼圆字体、常规、四号，单击【确定】就会看见字体变了。

2. 截取桌面，粘贴到画图中

在电脑上进行图形图像的各种处理、平面设计绘图会用到 Photoshop、Adobe Image、AutoCAD 这些软件。它们功能很强大，主要用来处理复杂的工作任务，但同时使用起来也比较麻烦。在 Windows 10 操作系统中预装了画图这款软件，使用方便并能满足平时简单的图像处理工作。借助画图附件，可以对各种位图格式的图画进行编辑，用户还可以自己绘制图画，也可以对拍照、下载的图片进行编辑和修改。在编辑完成后可以 BMP、JPG、GIF 等格式存档。

在电脑桌面上依次单击【开始】按钮 /【Windows 附件】/【画图】，还可以直接在"搜索程序和软件"中输入"画图"，回车后找到画图附件并进入软件。

来认识下画图界面吧！如图 1-3-3 所示。Windows 10 采用的是 Ribbon 菜单。分别为【主页】菜单、【查看】菜单，最顶层是【自定义快速访问栏】；文件菜单采用双列设计，界面各个位置的功能都有详细的文字标识；注意，处理照片时可以在【查看】菜单中勾选【标尺】和【状态栏】，有些图片的部分需要用到标尺来进行测量，可以勾选【网格线】，在画流程图时可以用到。

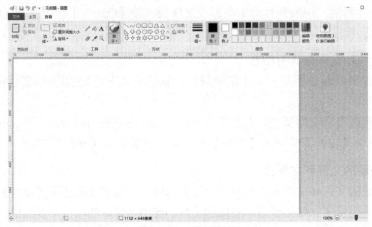

图1-3-3　画图界面

选取图片的方法有三种：

① 用电脑上的【prtsc】键截图抓屏键直接【Ctrl+V】，复制并粘贴进【画图】。

② 单击【文件】菜单，打开需要编辑的照片。

③ 单击图片，按住左键将图片拖动到"画图"中。

3. 对图片进行裁剪

如果需要对图片进行裁剪，在画图中就可以做到，画图中有矩形裁剪和自由图形选择裁剪，通常使用最多的是矩形裁剪。选择想要的图片区域裁剪后，按下【Ctrl+C】或【Ctrl+X】剪切并选择新建文件，然后【Ctrl+V】复制。注意，在裁剪完后新建时，原文件选择【不保存】，对原图进行了编辑，选择【保存】就属于编辑图片的状态了。

画图中的【重新调整大小】按钮可以调整图片大小，单击后弹出【调整大小和扭曲】对话框，可以重新调整大小的百分比和像素，主要是缩小调整的图片比例，还有倾斜角度的调整。

可以使用"画图"在图片中添加其他形状。已有的形状除了传统的矩形、椭圆、三角形和箭头之外，还包括一些有趣的特殊形状，如"心形""闪电形"或"标注"等。如果希望自定义形状，可以使用"多边形"工具；画图工具的"颜料盒"颜色非常丰富，在编辑图像时可以针对性地用画笔添加颜色，如图 1-3-4 所示。

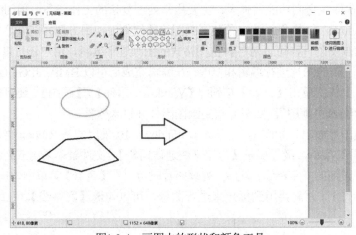

图1-3-4　画图中的形状和颜色工具

利用"画图",还可以完成图片的旋转,完成图像编辑后可以将文件保存为多种格式。

任务实练

(1) 在 D 盘上创建一个名为"工作"的文件夹。

(2) 在"工作"文件夹下再创建两个文件夹,分别命名为"工作要点"和"工作重点"。

(3) 右击,在"工作"文件夹中新建一个文本文件,命名为"TODAY.txt",输入内容"今日工作要点"并保存。

(4) 将"TODAY.txt"复制到"工作要点"文件夹中。在"工作要点"文件夹中创建 week 文件夹。

(5) 将"工作要点"下的内容全部拷贝到"工作重点"中。

(6) 将 D:\工作\TODAY.txt 文件更名为"monday.txt"。

(7) 删除"工作要点"下的文件"TODAY.TXT"。

(8) 在 D 盘创建一个名"DOS"的文件夹,将 C:\Windows\路径下的"Cursors"文件夹拷贝到 D:\DOS 文件夹下。

(9) 将 D:\DOS 下所有文件的属性设为只读;隐藏 D:\工作\monday. txt 文件。

(10) 用记事本在 D:\工作\下创建一个名为"事务清单. txt"的文件,文件的内容为自己的班级、姓名及学号。

(11) 清空回收站。

(12) 单击任务栏中的输入法指示器,例如搜狗输入法时为🅂,当系统弹出输入法列表时,按【prtsc】键将整个屏幕复制到剪贴板中。打开附件中的画图工具,按【Ctrl+V】键将剪贴板中的信息粘贴到画图工具中。单击左侧按钮 **A** ,在图片左上部分写上文字"我的图片",然后将内容存到 D 盘中,文件名为"T1.bmp"。

(13) 在 D 盘右击"T1. bmp",在快捷菜单中选择【打开方式】/【照片】,查看图片。

任务总结

本任务主要涉及的知识点有 Windows 10 启动和退出、文件和文件夹管理的基本操作、Windows 常用附件。在 Windows 退出操作中,要注意使用"开始"菜单正确退出系统,避免直接进行断电。

在文件和文件夹管理过程中,需要进行合理规划,遵循"先选定,后操作"原则。文件复制/移动的方法要多加练习重点掌握,文件的隐藏属性设置同时要注意【查看】菜单中【隐藏的项目】和【隐藏所选项目】的设置。

任务四 保护电脑信息安全

随着计算机的普及,个人的重要数据、密码文件等有用信息习惯上都会保存到电脑当中。电脑并非保险箱,并不能保证信息的绝对安全,但是,可以通过 Windows 系统设置使电脑更可靠、信息更安全。

任务情境

行政助理沈明在办公电脑使用过程中，经常会因为有事需要暂时离开而又不想关掉计算机。为了防止别人随意动用自己的电脑，保护好电脑数据的安全，沈明准备对电脑进行了个性化屏保设置和用户帐户设置。

任务展示

本任务保护电脑信息安全的设置结果如图 1-4-1 所示。

变幻线屏幕保护程序   用户帐户

图1-4-1　屏幕保护程序和用户帐户设置效果图

任务实施

在计算机的使用过程中，可以根据自己的使用习惯与审美观更改 Windows 10 的默认设置，对桌面、主题、屏保、鼠标、键盘、用户帐户等进行个性化的设置，以方便各项操作及美化计算机的使用环境，提升系统数据安全。

一、设置个性化桌面和屏保

好看的电脑桌面壁纸，可以在使用电脑心情更加愉悦。Windows 10 的桌面个性化设置可以直接使用系统自带的主题方案，也可以自行对壁纸、颜色、声音和屏保等进行设置，Windows 10 支持将自定义的主题保存起来，以便随时使用。

1. 桌面设置

(1) 单击【开始】按钮，在弹出的【开始】菜单中选择【设置】命令，打开【Windows 设置】窗口，如图 1-4-2 所示。

图1-4-2　【Windows设置】窗口

(2) 在【Windows 设置】窗口中单击【个性化】图标，打开【背景】窗口，如图 1-4-3 所示。

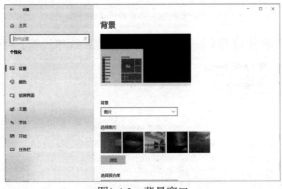

图1-4-3　背景窗口

(3) 也可以单击【浏览】按钮，在打开的窗口中选择本地磁盘中存储的其他图片。

2. 更改主题

单击【背景】窗口中【主题】选项，在【更改主题】中单击某个主题选项，可一次性同时更改桌面背景、颜色、声音，如图 1-4-4 所示。

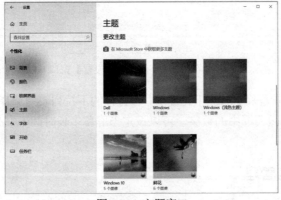

图1-4-4　主题窗口

3. 设置屏幕保护程序

设置屏幕保护程序可以避免长时间静止的 Windows 画面对计算机屏幕产生损伤，同时，设置屏幕保护程序也是一项最基本的信息安全意识，离开电脑后使屏幕及时锁定，增强电脑数据安全性。屏幕保护程序设置步骤如下：

(1) 单击【设置】窗口中【锁屏界面】选项，切换到【锁屏界面】窗口，如图 1-4-5 所示。

图1-4-5　【锁屏界面】窗口

(2) 单击【屏幕保护程序设置】按钮，弹出【屏幕保护程序设置】对话框，如图 1-4-6 所示。

图1-4-6　【屏幕保护程序设置】窗口

(3) 单击【屏幕保护程序】右侧下拉箭头，在打开的下拉列表中选择保护程序，如【彩带】。

(4) 修改【等待】微调框中的数字，可以设定当屏幕多长时间不发生变化时启动屏幕保护程序。

二、帐户创建与管理

当多个用户使用同一台计算机时，为了保证各自保存在计算机中的文件的安全，可以在计算机中设置多个帐户，让每一个用户在各自的帐户界面下工作。为了自己电脑的私密性，沈明决定创建自己的帐户规定用户权限。

在使用计算机的过程中，可以根据需要创建一个或多个用户帐户，不同的用户可以通过各自的用户帐户登录系统，在各自的帐户界面下进行各项工作。Windows 10 帐户类型有两种：

① 本地帐户。本地帐户是用本地计算机登录的帐户，包括管理员帐户、标准用户帐户和来宾帐户。

- 管理员帐户。管理员帐户是计算机的管理者，是具有最高权限的帐户，可以对计算机做任何设置。
- 标准用户帐户。标准用户帐户是指执行普通操作的用户，其权限由管理员指定。
- 来宾用户。来宾用户用于网上用户远程登录，权限较低，默认不启用。

② Microsoft 帐户。Microsoft 帐户就是常说的微软帐户，是微软随着 Windows 一起发布的。Microsoft 账号属于网络帐户，可以保存帐户设置，如人脉、照片、办公软件里的文件都可以同步到网络。

1. 创建本地帐户

创建本地用户，设置密码的操作步骤如下：

(1) 右击桌面上【此电脑】图标，弹出快捷菜单，如图1-4-7所示。

图1-4-7　快捷菜单

(2) 选择快捷菜单中的【管理】命令，弹出【计算机管理】窗口。在左侧窗格中单击【本地用户和组】选项，在中间窗格中右击【用户】，弹出快捷菜单，如图 1-4-8 所示。

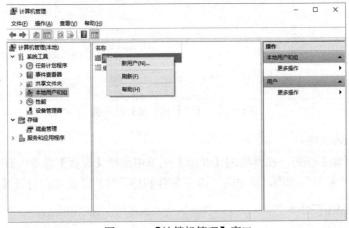

图1-4-8　【计算机管理】窗口

(3) 选择快捷菜单中的【新用户】命令，在弹出的【新用户】对话框中输入用户名、密码等信息，如图1-4-9所示，单击【创建】按钮。

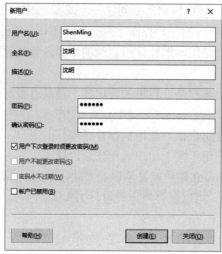

图1-4-9　【新用户】对话框

(4) 返回到【计算机管理】窗口，单击左侧窗格中【用户】选项，会发现在中间窗格中增加了用户 ShenMing，如图 1-4-10 所示。

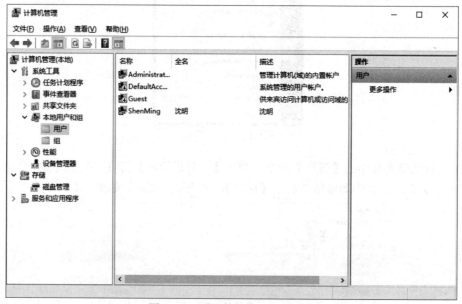

图1-4-10　【计算机管理】对话框

2. 创建Microsoft帐户

(1) 单击【开始】按钮，在弹出的【开始】菜单中选择【设置】命令，打开【Windows 设置】窗口，单击"帐户"选项，再单击"电子邮件和应用帐户"选项，打开【电子邮件和应用帐户】窗口，如图 1-4-11 所示。

图1-4-11　电子邮件和应用帐户窗口

(2) 单击【添加帐户】按钮，弹出【添加帐户】对话框，如图 1-4-12 所示。

(3) 选择任意一种帐户类型，进入【添加你的 Microsoft 帐户】界面，如图 1-4-13 所示。

图1-4-12　【添加帐户】对话框

图1-4-13　【添加你的Microsoft帐户】界面

(4) 单击【没有帐户？创建一个！】按钮，进入【让我们来创建你的帐户】界面，如图 1-4-14 所示。

图1-4-14 【让我们来创建你的帐户】界面

(5) 按照提示在对应的文本框中输入相应的信息，单击【下一步】按钮。

(6) 信息输入完成后，进入【验证电子邮件】界面，在文本框中输入安全代码，单击【下一步】按钮，就完成 Microsoft 帐户的创建过程。

3. Windows10软件管理

沈明工作中需要安装 QQ 软件，方便进行工作沟通和文件传阅。软件是计算机重要的组成部分，在工作中要时常对软件进行管理。使用 Windows 10 可以方便实现软件的安装、启动和卸载。

1) 安装应用程序软件

(1) 打开浏览器，输入网址 https://www.qq.com/，单击右上角界面中的【软件】，如图 1-4-15 所示。

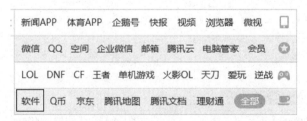

图1-4-15 QQ主页右上角界面

(2) 在 QQ 图标下，单击【高速下载】，下载 QQ 安装程序，如图 1-4-16 所示。

(3) 双击运行下载的 QQ 安装文件。

(4) 点击【一键安装】，如图 1-4-17 所示，完成 QQ 安装。

图1-4-16 高速下载界面

图1-4-17 一键安装界面

2) 卸载不必要的程序

如果在使用某个应用程序时发生问题，或者某个程序以后不再使用，可以卸载该程序，其操作步骤如下：

(1) 单击【开始】按钮，在弹出的【开始】菜单中选择【设置】命令，打开【Windows 设置】窗口，单击【应用】图标，然后单击【应用和功能】选项，切换到【应用和功能】设置窗口，如图 1-4-18 所示。

(2) 在右侧的程序列表中单击需要卸载的程序，在弹出的界面中单击【卸载】按钮，如图 1-4-19 所示。

图1-4-18 【应用和功能】窗口

图1-4-19 卸载程序

4. 进行Windows 10系统其他设置

1) 设置开始菜单和任务栏

开始菜单和任务栏可以按照自己喜好进行个性化设置。

(1) 单击【开始】菜单，选择【设置】选项，打开【Windows 设置】窗口。

(2) 在【Windows 设置】窗口中，单击【个性化】，打开【开始】菜单设置窗口，可以进行开始菜单的设置，如图 1-4-20 所示。

(3) 单击左侧【任务栏】选项，可以对任务栏进行设置。

2) 鼠标设置

当键盘和鼠标的默认设置不能满足要求时，可以对鼠标和键盘的速度等参数进行设置，以使操作过程变得顺畅。

(1) 单击【开始】按钮，选择【设置】选项，打开【Windows 设置】窗口，单击【设备】图标，弹出【设备】设置窗口。单击左侧【鼠标和触摸板】选项，切换到【鼠标】设置窗口，可以在此窗口进行简单的设置。如图 1-4-21 所示。

图1-4-20　【开始】菜单和【任务栏】设置　　　　图1-4-21　【鼠标】设置窗口

(2) 如需对鼠标进行高级设置，单击【其他鼠标选项】，弹出【鼠标】属性对话框，如图 1-4-22 所示。可以对鼠标速度、指针、滑轮等进行具体设置。

图1-4-22　【鼠标】属性对话框

3) 键盘的设置

在 Windows 10 中，设置键盘主要包括调整键盘的响应速度和光标的闪烁速度。具体操作步骤如下：

(1) 单击【开始】按钮，在弹出的【开始】菜单中选择【Windows 系统】/【控制面板】命令，打开【控制面板】窗口，如图 1-4-23 所示。

图1-4-23 【控制面板】窗口

(2) 单击该窗口【键盘】选项,打开【键盘属性】对话框。

(3) 选择【速度】选项卡,通过拖动【字符重复】选项组中的【重复延迟】滑块,改变键盘重复输入一个字符的延迟时间,如果向左拖动该滑块,则可使重复输入速度降低。

(4) 拖动【光标闪烁速度】选项组中的滑块,以改变文本编辑软件(如"记事本")中的文本插入点在编辑位置的闪烁速度,设定好后,单击【确定】按钮。

4) 日期和时间设置

Windows 10 在任务栏的通知区域里显示了系统日期和时间,为了使系统日期和时间与工作和生活的时间一致,需要对系统日期和时间进行调整。系统日期和时间设置步骤如下:

(1) 在 Windows 设置窗口中,单击【时间和语言】弹出【日期和时间】的设置窗口。

图1-4-24 【键盘属性】窗口

图1-4-25 【日期和时间】窗口

(2) 单击【更改】按钮,在弹出的【更改日期和时间】对话框中就可以设置调整时间,单击【更改】按钮,设置完成。

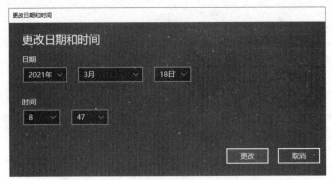

图1-4-26 【更改日期和时间】窗口

任务实练

(1) 按照自己喜好，更换桌面背景。
(2) 设置屏幕保护程序为"变幻线"，等待 5 分钟后启动。
(3) 设置本地用户帐户为自己的名字，并设置密码。
(4) 安装 QQ 和微信电脑版应用程序。
(5) 调整当前的系统日期和时间为明天的同一时间。
(6) 卸载 QQ 应用程序。

任务总结

本任务主要涉及的知识点有 Windows 个性化设置、用户帐户设置、鼠标、键盘、日期和时间设置等，理解信息安全的重要性，注意正确卸载软件，能够熟练进行常用的个性化系统设置操作。

任务五　打印红头文件

Word 2016 是一种文字处理程序，适合办公人员、排版人员使用，可以方便地输入文字，设置字体、段落格式以及页面设置，并进行保存。

任务情境

行政助理沈明按照部门领导要求，打印红头文件，需要学习如何对文档进行字体、段落和页面进行设置。

任务展示

本任务打印红头文件的效果如图 1-5-1 所示。

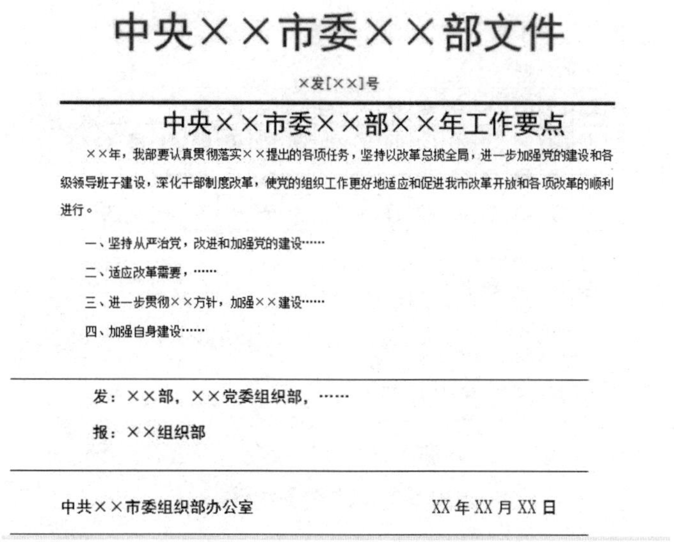

中央××市委××部文件

×发[××]号

中央××市委××部××年工作要点

××年，我部要认真贯彻落实××提出的各项任务，坚持以改革总揽全局，进一步加强党的建设和各级领导班子建设，深化干部制度改革，使党的组织工作更好地适应和促进我市改革开放和各项改革的顺利进行。

　　一、坚持从严治党，改进和加强党的建设……

　　二、适应改革需要，……

　　三、进一步贯彻××方针，加强××建设……

　　四、加强自身建设……

　　发：××部，××党委组织部，……

　　报：××组织部

中共××市委组织部办公室　　　　　　　　　　XX 年 XX 月 XX 日

图1-5-1　打印红头文件效果图

任务实施

一、文本的输入与编辑

1. 输入文本

1) 输入文本

在录入文本时，输入的文字到达右边界时，Word 会自动换行，在此不要使用回车键换行。打开素材"红头文件.docx"，输入第一段文字"中央××市委××部××年工作要点"。

2) 段落的产生

当一个自然段文本输入完毕时，按回车键，便会产生一个段落标记，表示结束当前段同时开始新的一段。

3) 符号的插入

在【插入】选项卡的【符号】组中单击【符号】按钮，在打开的下拉列表中选择需要插入的符号。更多的符号可单击【其他符号】选项，打开【符号】对话框，在不同的字体子集中选择需要的符号后，单击【插入】按钮，即可将所选符号插入到光标位置。在【符号】对话框中可连续插入多个符号，完成后单击【关闭】按钮，关闭对话框，返回文档。对话框如图 1-5-2 所示。

4) 插入另一个文档的内容

如果需要录入的文本在其他文档中已经存在，则可将已有的文本复制到当前位置，以加快文档编辑的速度，提高工作效率。操作方法：选择【插入】选项卡，在【文本】组中单击【对象】右侧的下拉按钮，选择【文件中的文字】选项，在弹出的【插入文件】对话框中选择需要插入的文件，单击【插入】按钮，便可完成文档的插入。

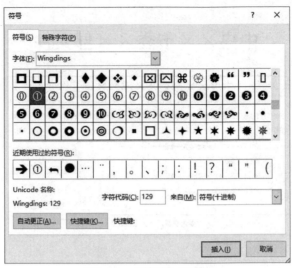

图1-5-2 【符号】对话框

5）删除文本

文档编辑过程中，当输入的文本出现多余或者错误的字符时，可按键盘上的退格键【Bcakspace】删除光标前的字符，或者按【Delete】键删除光标后面的字符。如果要删除的是一段文本，先将要删除的内容选中，然后按【Delete】键可一次性完成删除操作。

2. 选定文本

文本的选定就是为Word指明要操作的对象。Word中的许多操作都遵循"先选定，后操作"的原则，即在执行操作前必须选定要操作的对象。

选定文本有鼠标和键盘两种方法。

1）用鼠标选定文本

● 按住鼠标左键从文本的起始位置拖动到终止位置，光标拖过的文本即被选中。这种方式适用于选择小块的、不跨页的文本。

● 将光标插入点放在文本的起始位置，按住【Shift】键的同时，单击文本终止位置，则起始位置与终止位置之间的文本被选中。这种方式适用于大块的、跨页文本。

● 选择一行文本：将光标移到文本左侧的空白处，当光标变成空心箭头【⇗】时，单击选中一行。

● 选择一段文本：将光标移到文本左侧的空白处，当光标变成空心箭头【⇗】时，连击两次可以选中一个自然段。

● 选择全文：将光标移到文本左侧的空白处，当光标变成空心箭头【⇗】时，连击三次则选中整篇文档；或者按住【Ctrl】键的同时单击文本左侧空白处；或者选择【开始】/【编辑】功能组中【选择】下拉菜单项，可以选择全选。

2）用键盘选定文本

● 【Shift】键+【←】（【→】）方向键：分别向左(右)扩展选定一个字符。

● 【Shift键】+【↑】（【↓】）方向键：分别向上(下)扩展选定一行。

● 【Ctrl+Shift+Home】：从当前位置到文档的开始选中文本。

● 【Ctrl+Shift+End】：从当前位置到文档的结尾选中文本。

- 【Ctrl+A】：选择所有文本和对象。

3. 移动文本

- 选中要移动的文本，在【开始】选项卡的【剪贴板】组中单击【剪切】按钮，将选定的文本剪切到剪贴板，再将光标定位到目标位置，单击【粘贴】按钮将剪贴板中的文本粘贴到目标位置，即可完成文本的移动。
- 选中要移动的文本，按【Ctrl+X】快捷键进行文本剪切，再将光标定位到目标位置，按【Ctrl+V】快捷键进行文本粘贴，也可实现文本的移动。
- 选中要移动的文本，用光标指向已选中的文本，当光标变成空心箭头【↖】时，按住鼠标左键，光标尾部会出现空的虚线方框，且指针前出现一条竖虚线，此时拖动竖虚线到目标位置，再释放鼠标即可完成文本的移动。

4. 查找与替换操作

操作方法：在【开始】/【编辑】组中单击按钮，打开【查找和替换】对话框，在【查找内容】框中输入需要查找的文本，在【替换为】框中输入正确文本，单击【替换】按钮，则进行逐一替换，若需要一次性全部替换，则单击【全部替换】按钮。完成后弹出替换操作提示框，单击【确定】即可。

二、保存和关闭文档

1. 保存文档

文档编辑过程中或者编辑完成后都需要及时进行保存，以免丢失数据。文档保存有两种情况：

① 直接保存文档选择【文件】/【保存】命令，或者单击快速访问工具栏中的【保存】按钮，即可把文档的最新内容保存下来。提示：文档处理过程中，随时点击【保存】按钮是一个良好的习惯。

② 使用【另存为】命令保存文档时，如果要将当前文档以新名字或者新格式保存在其他位置时，可以使用【另存为】命令。操作方法：选择【文件】→【另存为】命令，打开【另存为】对话框，在此对话框中可为文件选择不同的保存位置、输入不同的文件名，然后单击【保存】按钮。此时原来的文档被关闭，取而代之的是在源文档基础上以新位置新文件名打开的文档。

2. 关闭文档

文档处理完成后，需要关闭当前打开的文档。选择【文件】/【关闭】命令或者单击 Word 窗口右上角的关闭按钮，即可关闭当前文档并且退出 Word 2016。

三、字符格式设置

字符格式包括字体、字号、字形、颜色等内容，合适的字符格式可以使文档看起来规范、美观。

1. 利用浮动工具栏设置

选中要设置格式的文本时，会自动出现一个浮动工具栏，此时移动鼠标，浮动工具栏会随即消失。浮动工具栏中包含常用的一些设置选项，单击相应按钮即可对文本的字符格式进行设置。

2. 利用【字体】功能区设置

在【开始】选项卡的【字体】组中可以直接设置文本的字符格式。【字体】组除了有浮动工具栏中部分相同的格式外，还可以设置文本效果、下划线的颜色和线型、上标和下标、带圈字符等多种效果。【字体】功能组如图 1-5-3 所示。

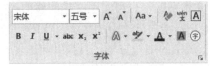

图1-5-3 【字体】功能组

以"Word 2016 文字处理"为例，运用各字体格式样式如下：

- 字体为黑体：**Word 2016文字处理**。
- 字号为五号：Word 2016文字处理。
- 字形为加粗：**Word 2016文字处理**。
- 字形为倾斜：*Word 2016 文字处理*。
- 文本加单下画线：Word 2016文字处理。
- 文本加删除线：~~Word 2016文字处理~~。
- 文本变为上标/下标：Word 2016文字^{处理}/Word 2016文字$_{处理}$（"处理"二字分别设置为上标/下标）。
- 增大/减小字号：Word 2016文字处理/Word 2016文字处理。
- 更改大小写：WORD 2016文字处理(该按钮可以将所选文字全部改为大写、小写或其他常见的大小写形式)。
- 突出文本：Word 2016文字处理(可以从弹出的调色板中选择颜色)。
- 字体颜色：Word2016文字处理(可以从弹出的调色板中选择颜色)。
- 清除所有格式：清除所选内容的所有格式，只留下纯文本。
- 拼音指南：Word 2016 wénzìchǔlǐ 文字处理。
- 字符边框：Word 2016文字处理。
- 字符底纹：Word 2016文字处理。
- 带圈字符：Ⓦord 2016文字处理。

3. 利用【字体】对话框设置

选中需要设置格式的文本，单击【字体】组右下角【字体】对话框按钮，打开【字体】对话框，或者右击后，在弹出的快捷菜单选择【字体】命令，都能打开【字体】对话框。在对话框中可以进行更多的字符格式设置。切换到【高级】选项卡，可以设置字符的缩放比例，字符间距和字符位置。如图 1-5-4 所示。

图1-5-4　【字体】对话框

四、段落格式设置

段落格式主要包括文本的对齐方式、段落的缩进和间距以及段落边框和底纹等等。合理设置段落格式，可以使文档结构清晰，层次分明，有利于文档的阅读。

输入第二段文字"××年，我部要认真贯彻落实××提出的各项任务，坚持以改革总揽全局，进一步加强党的建设和各级领导班子建设，深化干部制度改革，使党的组织工作更好地适应和促进我市改革开放和各项改革的顺利进行"。设置文字的对齐方式为两端对齐，首行缩进两字符，行距为1.5倍行距。

1. 设置文本对齐方式

Word 有 5 种文本对齐方式，它们是左对齐、居中、右对齐、分散对齐和两端对齐。选择要设置的段落，在【开始】选项卡的【段落】组单击相应的对齐按钮，即可设置文档的段落对齐方式。

2. 设置段落缩进

段落缩进是指文本与页边距之间的距离。段落缩进包括左缩进、右缩进、悬挂缩进和首行缩进 4 种方式。

选择需要设置的段落，在【开始】选项卡的【段落】组单击右下角的启动对话框按钮，或者在右击后的快捷菜单中选择【段落】命令，均能打开【段落】对话框，在【缩进】栏中可以精确设置左、右缩进的距离和【特殊格式】缩进。

- 首行缩进：是指段落首行的左边界相对于页面边界右缩进一段距离，其余行的左边界不变。
- 悬挂缩进：是指段落首行的左边界不变，其余行的左边界相对于页面左边界右缩进一段距离，即第一行开始的几个字符突出于其他各行显示。
- 左缩进：整个段落的左边界向右缩进一段距离。

● 右缩进：是指整个段落右边界相对于页面右边界向左缩进一段距离。

3. 设置段间距和行间距

1）设置段间距

选中需要设置的段落，打开【段落】对话框，在【间距】栏的【段前】和【段后】文本框中输入距离。

2）设置行间距

选中需要设置的段落，在【开始】选项卡【段落】组单击【行和段落间距】按钮，在弹出的下拉列表框中选择需要的行间距，若没有合适的行间距，单击【行距选项】，打开【段落】对话框，在【间距】栏中进行设置。如图1-5-5所示。

3）设置段落边框和底纹

● 选定要设置边框的段落，在【段落】组单击【边框】右侧的下拉按钮，在弹出的下拉列表中选择【边框和底纹】命令，打开【边框和底纹】对话框。在【边框】选项卡中，设置边框的类型、线型、颜色、宽度以及应用范围等属性。

● 在【底纹】选项卡中，设置底纹颜色为淡蓝色，应用范围为【段落】，单击【确定】按钮，即可完成段落边框和底纹的设置。如图1-5-6所示。

图1-5-5 【段落】对话框

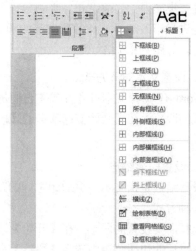

图1-5-6 【边框】下拉列表

五、页面设置

页面设置包括纸张大小、纸张方向、页边距等内容。

1. 设置纸张大小

在【布局】选项卡的【页面设置】组单击【纸张大小】按钮，弹出纸型选择列表，可以看到，Word 默认的纸张大小是 A4 纸，在此根据需要选择合适的纸型。如果纸型列表中没有符合的纸张，单击【其他纸张大小】命令，打开【页面设置】对话框的【纸张】选项卡，在【宽度】和【高度】文本框中输入纸张的实际尺寸。对文件进行页面设置，纸张为 A4 纸，纸张方向为纵向。

2. 设置页面方向

Word 默认的纸张方向是纵向，如果需要设置成横向纸张，单击【纸张方向】按钮，在弹出的下拉列表中选择【横向】即可。

3. 设置页边距

1) 显示【标尺】

借助标尺，可以方便地查看和设置页边距。单击【视图】选项卡，在【显示】组勾选【标尺】选项，把标尺显示在窗口中。

2) 设置页边距

单击【页边距】按钮，在下拉列表中系统预置了一些边距选项，如【普通】、【窄】、【适中】等，根据需要选择相应的选项即可。如果列表中没有符合的边距设置，则单击【自定义边距】命令，打开【页面设置】对话框，修改上、下、左、右页边距，单击【确定】按钮。

任务实练

1. 打印红头文件

(1) 对图 1-5-1 中的第一段文字进行设置，设置黑体、二号字，居中。

(2) 输入第二段文字"××年，我部要认真贯彻落实××提出的各项任务，坚持以改革总揽全局，进一步加强党的建设和各级领导班子建设，深化干部制度改革，使党的组织工作更好地适应和促进我市改革开放和各项改革的顺利进行"。字体：宋体、五号字。文字对齐方式：两端对齐，首行缩进两字符，行距为 1.5 倍行距。

(3) 输入第三段文字，设置：宋体、五号字；行距：固定值 25 磅。

"一、坚持从严治党，改进和加强党的建设……

二、适应改革需要，……

三、进一步贯彻××方针，加强××建设……

四、加强自身建设……"。

(4) 页面设置：上下左右边距：2 厘米。

(5) 以原文件名保存并打印。

2. 春节放假通知

(1) 标题设置：宋体、二号字、加粗并加着重号，居中，字符间距加宽 1 磅。

(2) 正文第 2 段到第 10 段文字设置：宋体小四号字，其中(星期五)、(星期六)设置成下标形式，并设置字体为小三号字.

(3) 设置第 1 段 "尊敬的客户"宋体三号字，加粗，段后 0.5 行；第 2 段到第 10 段文字设置：首行缩进 2 字符，行距设置为固定值 20 磅，字体对齐方式为两端对齐。最后两段设置段落对齐方式为右对齐。

(4) 替换："中国银行"替换为"中国人民银行"。

(5) 页面设置：设置纸张为 A4 纸，纸张方向为横向，上下页边距的距离为 2.5 厘米，页眉页脚距边界 1.5 厘米，指定行和字符网格，每行字符数为 60。

(6) 保存文档到 D 盘，命名为放假通知，并打印。效果图如图 1-5-7 所示。

春节放假通知

尊敬的客户：

根据国务院办公厅及中国人民银行的放假通知，现将我分行 2021 春节期间安排公告如下：

一、2 月 11 日（除夕）——2 月 13 日（正月初二）全行放假

二、2 月 14 日（正月初三）——2 月 14 日（正月初四）各营业网点实行轮休制，个人储蓄业务办理时间为 9：30——16:00.

三、春节放假期间，我行 ATM 机 24 小时正常运行。

四、春节假期期间，人民银行票据交换及大额支付系统停止运行。

五、2 月 16 日（正月初五）——2 月 17 日（正月初六）全部网点正常营业。如遇疑问请垂询我行客服专线：95561。

非常感谢您对兴业银行的支持！衷心住您新春快乐，阖家幸福！

兴业银行沈阳分行

2021 年 2 月 10 日

图1-5-7 "春节放假通知"效果图

任务总结

在 Word 中输入文字、简单排版文字及打印文档。红头文件文档格式很讲究，最好直接套用，不要修改，尤其是头部格式。

项 目 习 题

一、选择题

1. 通常计算机硬件由输入设备、______和输出设备五部分组成。

   A. 控制器、运算器、寄存器　　B. 控制器、寄存器、存储器

   C. 运算器、控制器、存储器　　D. 寄存器、存储器、运算器

2. 计算机存储容量的基本单位是______。

   A. 兆字节　　B. 字节

   C. 千字节　　D. 千兆字节

3. 硬盘的实际容量比标明容量______。

   A. 大　　B. 小

   C. 相同　　D. 可能大，也可能小

4. 在计算机存储中，1GB 表示_____。

    A. 1000KB   B. 1024KB

    C. 1000MB   D. 1024MB

5. 在 Windows 10 中，启动中文输入法或者将中文输入方式切换到英文方式，应同时按下_____键。

    A. 【Alt+space】   B. 【Ctrl+space】

    C. 【Shift+space】   D. 【Enter+space】

6. 在 Windows 10 中，切换不同的汉字输入法，应同时按下_____键。

    A. 【Alt+space】   B. 【Ctrl+space】

    C. 【Shift+space】   D. 【Ctrl+Shift】

7. 在 Windows 10 的资源管理器中，选择文件或目录后，拖拽到指定位置，可完成对文件或子目录的_____操作。

    A. 复制   B. 移动或复制

    C. 重命名   D. 删除

8. 在 Windows 10 中，"复制"的快捷键是____。

    A. 【Ctrl+C】   B. 【Ctrl+V】

    C. 【Shift+V】   D. 【Ctrl+Shift】

9. 保存 Word 文档时，默认的扩展名是____。

    A. .docx   B. .xlsx

    C. .wps   D. .txt

10. 在 Word 2013 中，如果要把一个打开的文档文件以新的名称存盘，应使用____。

    A. 另存为   B. 保存

    C. 全部保存   D. 自动保存

二、操作题

1. 列一份价格在 3000~5000 元的最新的计算机组装清单。

2. Windows 操作题。

(1) 在 D 盘建立如下所示的文件夹结构：

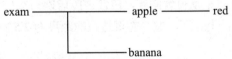

(2) 设置"banana"文件夹的属性为只读和隐藏。

(3) 在"apple"文件夹中创建名为"color.txt"的文件，输入内容"there are many apples"。

(4) 将文件夹"banana"的只读属性撤销。

(5) 将 apple 文件夹中的"color.txt"文件复制到"exam\banana"文件夹中。

(6) 将"banana"文件夹中的"color.txt"文件移动到"exam"文件夹中，并将文件重命名为"color2.txt"。

(7) 搜索"color2.txt"文件和"red"文件夹并删除。

(8) 将回收站中的"color2.txt"文件彻底删除，并还原"red"文件夹。

(9) 将"banana"文件夹的图标修改为五角星形状。

(10) 设置桌面背景为 Windows 任意主题，位置为"拉伸"，屏幕保护程序为"气泡"。

(11) 以自己的名字创建一个新帐户，设置帐户密码为"123456"。

3. 利用样文制作下图所示的招聘简章。

(1) 更改字体。选定所有文字后，字体设置为"宋体"。

(2) 更改字号。将全文的正文部分设置为 5 号字，标题文字为 1 级标题、二号字居中。每一段落的标题文字设置为加粗。

银行招聘公告

为满足广发银行股份有限公司业务发展需要，现将有关招聘事宜公告如下：

一、招聘基本条件：

(一)品行端正，具有良好的职业操守，无不良行为记录；素质优良，具有较强的事业心和责任感，富有开拓精神；

(二)相貌端正，心态积极，身体健康；

(三)一般要求大学本科及以上学历，金融、财会或相关专业毕业，年龄在 43 周岁以下。

二、招聘岗位：

(一)公司银行部客户经理(5 名)

从事公司银行业务 2 年以上，熟悉公司银行业务，有较强的市场营销能力、沟通协调能力，具有一定客户资源者优先。

(二)运营计财部科技岗(1 名)

从事金融行业科技技术 2 年以上，熟悉金融行业科技技术相关规章制度及操作流程，有较强的业务专业技能，工作认真负责具有较强责任心，有工作经历者优先。

(三)大堂经理(5 名)

具有 2 年以上相关工作经历，年龄在 28 周岁以下，形象气质佳，具有较强的营销服务意识及厅堂营销能力。

(四)信用卡部信用卡发卡员(5 名)

具有较强的工作责任心和营销服务意识，能吃苦耐劳，有较强的市场营销能力，一经录用，按国家规定缴纳五险一金，按业绩考核上不封顶。用工性质为劳务外包。

(五)信用卡部信用卡消费信贷岗(3 名)

具有较强的工作责任心和营销服务意识，能吃苦耐劳，有较强的市场营销能力，一经录用，按国家规定缴纳五险一金，按业绩考核上不封顶。用工性质为劳务外包。

(3) 首行缩进。对第一段进行首行缩进两字符设置。

(4) 设置间距、行距。对全文设置间距：段前、段后均为 0，行距为 1.5 倍。

(5) 页面设置为 A4 纸，上、下、左、右页边距的距离为 2.5 厘米。

项目二

客户信息录入

📖 思考题

1. 为什么要学习五笔字型输入法？
2. 五笔输入法有哪些优势？
3. 五笔输入法在银行工作中通常要达到什么标准？

📖 项目情境

　　沈明毕业后，被分配到柜员岗位，需要能够快速录入客户名单和信息。可是他经常会遇到不认识的生僻字，无法使用拼音输入法录入，大大降低了工作效率。沈明发现，如果使用五笔字型输入法就可以解决这个问题。于是沈明下载了极品五笔，可是怎样才能更快、更有效地掌握五笔字型输入法呢？

📖 能力目标

1. 能够依据字根表准确拆分常用汉字
2. 能够使用五笔字型输入法进行单字录入
3. 能够使用五笔字型输入法输入词组和文章

📖 知识目标

1. 了解五笔字型录入原理和过程
2. 熟练掌握五笔字根口诀
3. 掌握五笔字根的键盘分布规律
4. 熟练掌握五笔字型单字的编码规则
5. 熟练掌握末笔识别码的使用
6. 熟练掌握词组的编码规则

📖 素质目标

1. 培养语言表达能力，能够准确、有条理地表达汉字输入码的分析过程
2. 培养积极思考、自主学习能力
3. 培养协作沟通能力

思政导入

众所周知。通过计算机键盘上的26个字母，我们可以方便地输入英文，但汉字却数以万计，没办法在有限的键盘上完全呈现出来，如果不能解决汉字输入问题，计算机的实用价值就会受到极大的影响。从20世纪起，因为英文打印机的普及，国内外就形成了一股强大的舆论：中国的汉字必须废除，中国文字注定要走拉丁化道路，所谓"汉语拉丁化"实际上就是用拼音文字来代替汉语文字，汉语的地位可以说是岌岌可危。

计算机问世以后，因为它终究是西方人的发明，不可能为我们专门设计一套"汉字输入方案"。而且，如果西方人设计出了汉字输入法，那么，数以亿计的中国用户要为他们的专利付出什么样的代价，也是可以想象的。

1984年9月，王永民教授跑遍了全国的情报所就为了查找编码方案，每天工作十几个小时，在积累大量统计数据的基础上，经过无数次试验，建立了数学模型，最终完成了汉字输入键盘的最佳设计，成功地与英文输入键盘"无缝对接"。他发明的五笔字型汉字编码输入法犹如黑夜中划破长空的一道璀璨亮光，为命运多舛的汉字划了一个时代，并为汉字"走拼音化道路"画上了休止符。

当然，随着输入法发展和变革，现在拼音输入法的表现并不比五笔差，但在银行业，遇到生僻字以及普通话普及并不全面的情况下，使用五笔输入法可以提高员工的工作效率，更好地进行服务。同时，在计算机输入法中使用五笔输入法，是对中国汉字文化的继承和发扬，也是更好地欣赏和理解汉字之美。在用笔写字的情况日益减少的今天，能够避免写错别字、提笔忘字，规范使用汉字，提高文化水平。

任务一　名单录入

中文信息录入比较常用的输入法有搜狗、QQ拼音、拼音加加、五笔字型输入法等。其中，前面三种为音码输入法，五笔字型输入法是形码输入法，常见版本有86版五笔、极品五笔、万能五笔、陈桥智能五笔等，本项目的汉字录入以极品五笔为例。

速记速录技能是文秘人员必备的基本技能之一，广泛地应用于司法系统庭审记录，政府、行业发布会，外交、商务谈判等领域。速录的最高纪录可达到520字/分钟，录入速度在220个汉字/分钟以上时，就可以实现"语音落、记录完、文稿成"的会议同声记录要求。如果使用五笔字型输入法，学习者通过几个月到一年短期培训可以达到高级速录师的标准。五笔输入法是根据汉字的字形进行编辑，输入效率高，重码率低。在银行业务中多要求使用五笔录入，通常要求100个汉字/分钟。

任务情境

沈明了解到，要学会五笔输入法，首先要熟悉字根，从字根和单字录入学起，于是他下载了金山打字练习软件，方便快速提高。

任务展示

本任务需要录入客户名单信息，结果如图 2-1-1 所示。

图2-1-1　客户名单录入

任务实施

一、依据五笔字型输入法拆分客户名单"冯昊"

在客户名单的汉字拆分过程中，要依据五笔字型输入法进行拆分，如图 2-1-2 所示。

冯→冫、马
昊→日、一、大

图2-1-2　客户名单拆分

首先我们要了解五笔字型中都有哪些字根。五笔字型将优选出的 130 多个基本字根分布在键盘 25 个字母键上(学习键【Z】除外)。五笔字根键位分布图如 2-1-3 所示。

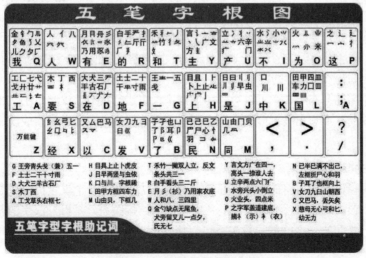

图2-1-3　五笔字根键位分布图

字根分布的 25 个字母键分为 5 个区，每区 5 个键位。根据基本字根的起笔笔画，将字根分为五类，同一起笔的字根安排在键盘相连的区域。对应键盘上的五个"区"分别为：1区——横区，2区——竖区，3区——撇区，4区——捺区，5区——折区；每个区有 5 个字母键，每个字母键称为一个"位"，并且分别用代码"1、2、3、4、5"来表示区号和位号。将每个区中的区号作为第一位数字，将位号作为第二位数字，组成的两位数字就称为"区位号"，如图2-1-4 所示。例如：字母【B】键所在的区号为"5"，该键在"折"区中第 2 个位置，因此字母【B】键的区位号为"52"。

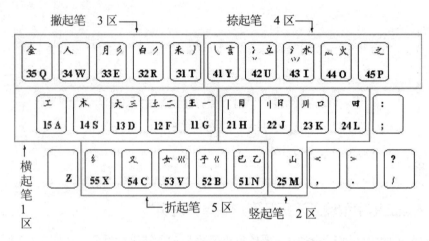

图2-1-4　五笔字型5个区的分布

熟记五笔字根在键盘上的分布规律，是学习五笔字型输入法的关键一环。五笔字根的记忆除了依据口诀，借助区位以外，这些字根在键盘上的分布是有规律可循的，掌握这些规律可以使五笔初学者更容易记忆字根。

规律 1： 字根的第 1 笔画确定字根所在区。例如："王、土、大、木"的第 1 笔都为横，它们都在第 1 区；"己、子、女、又"的第 1 笔都为折，它们都在第 5 区。

规律 2： 有些字根的第 2 笔画与位号一致。例如："王、禾、言"等字根的第 2 笔画都为横，它们所在位为第 1 位；"士、丁、白"的第 2 笔画是竖，它们所在位为第 2 位。

规律 3： 单笔画和复合笔画形成的字根，其位号与字根的笔画数一致。

规律 4： 字根形态相近的放在同一键上，例如字母键【L】上的字根为"田、甲、四、皿、囗、罒"等；字母键【B】上的字根为"卩、阝"等。

掌握五笔字根的分布后，就可以对汉字依据字根来进行拆分。汉字是由字根按照一定的位置关系排列组成的。要想正确拆分汉字，掌握汉字拆分原则，需要掌握组成汉字的字根之间的结构关系。

1. 字根间的4种结构关系

基本字根可以拼合成所有的汉字，五笔字型输入法就是将一个汉字拆分成若干个字根依次输入，便输入了该汉字。了解组成汉字的各字根间的结构关系，是拆分汉字的基础。基本字根在组成汉字时，按照它们之间的位置关系可以概括为单、散、连、交 4 种结构关系。

1) 单字根结构汉字

单字根结构汉字：汉字本身就单独成为汉字的字根，如"一、土、金、大、木、人"等。这些汉字称为"键面字"，对这些汉字不必拆分。

2) 散字根结构汉字

散字根结构汉字：构成汉字的字根不止一个，且字根间保持一定距离，不相连也不相交，如"冯、汉、昊、笔、相、培、训、打、划、分"等汉字。

3) 连字根结构汉字

连字根结构汉字："单笔与某一基本字根相连"和"带点结构"两种情况。

单笔与某一基本字根相连，如"自、尺、产、千、且、于、入"等；而单笔与某一基本字根有明显距离则是"散"而不是"连"，如"个、少、么、旦"等是"散"而不是"连"。

带点的结构被认为是"连"。这里所说的"点"是指单独形成字根的"丶"，如"勺、术、太、主、尤、刃、斗"等字。

4) 交字根结构汉字

交字根结构汉字：两个或多个字根成交叉、套选的结构称为"交"的关系，如"农、里、必、申、果、专"等。

2. 汉字的拆字原则

拆字是学习五笔字型输入法最重要的部分。有的汉字因为拆分方式不同，可以拆分成不同的字根，这就需要按照统一的拆分原则来进行汉字的拆分。汉字拆分可以概括为以下5条原则。

1) 书写顺序

按书写顺序拆分是拆分汉字的最基本原则，即按照书写顺序"从左到右"或"从上到下"的顺序将汉字拆分成各个基本字根。例如：汉字"树"可拆分成"木""又""寸"，而不能拆分成"木""寸""又"基本字根。

2) 取大优先

取大优先是指拆分汉字时，保证按书写顺序的同时，要做到拆出尽可能大的字根。例如：汉字"草"应该拆分成"艹"和"早"两个基本字根，而不能拆分成"艹""日"和"十"3个基本字根。

3) 兼顾直观

兼顾直观是指如果拆出的字根有较好的直观性，就便于联想记忆，给输入带来方便。例如：汉字"夷"应该拆分成"一""弓"和"人"，而不要拆分成"大"和"弓"基本字根。汉字"自"应该拆分成"丿"和"目"基本字根。

4) 能散不连

能散不连是指如果一个汉字可以拆分成几个基本字根"散"的关系，就不用拆分成"连"的关系。例如：汉字"午"应该按"散"拆成"牛"和"十"基本字根，而不按"连"拆成"丿"和"干"基本字根。

5) 能连不交

能连不交是指汉字能按相连的关系拆分，就不要按相交的关系拆分。例如：汉字"天"应按"连"拆成"一"和"大"基本字根，而不按"交"拆成"二"和"人"基本字根。

依据五笔字根口诀，按照汉字拆分原则，就可以轻松完成汉字"冯"和"昊"的拆分。汉字实际拆分过程中，需要多加练习，理解掌握拆分方法。

二、使用五笔录入客户名单"冯昊"

打开文字编辑软件，比如记事本，切换到五笔字型输入法，录入以下内容，就完成了客户名单"冯昊"的输入，如图2-1-5所示。

UC JGD

图2-1-5 "冯""昊"的五笔录入

汉字"冯"的录入过程如下所示。

(1) 先把汉字"冯"按照五笔字型输入法拆分成最常用的基本单位，即字根。字根可以是汉字的偏旁部首，也可以是部首的一部分，甚至是笔画。"冯"可以拆分为"冫"和"马"两个字根。

(2) 取出的这两个字根，它们依据科学原理按一定的规律分布在键盘上，作为输入汉字的基本单位。字根"冫"在【U】键位，字根"马"在【C】键位。

(3) 最后，按照汉字的书写顺序，依次按键盘上与字根对应的键，系统根据输入的字根组成代码，在五笔输入法的字库中检索出所要的字。"冯"的输入按照书写顺序依次输入【U】键和【C】键，就可以看到"冯"字在输入框中第一个位置，按空格键就可以打出"冯"字了。

汉字"昊"在录入时，依次输入对应的键位【J】键、【G】键和【F】键后，汉字"昊"就出现在输入框第一个位置了，按空格键后就完成录入。

提示：

使用五笔输入法进行汉字录入时，最多4码。录入汉字时，当汉字字根没有全部输入完汉字就出现在输入框第一个位置，可以按空格键完成输入。

在对汉字"冯"和"昊"进行字根分解时会发现，五笔字型输入法把汉字分为"笔画、字根和单个字"3个层次。笔画是一次写成的一条连续不断的线段，是最基本的组成成分，而字根是由基本的笔画组合而成的，将字根按照一定的位置关系组成汉字。在五笔字型输入法中，字根是组成汉字的基本元素。例如汉字"仁"，是由基本字根"亻"和"二"组成的。"亻"这个基本字根是由笔画"丿"(撇)和"丨"(竖)组成的。"二"这个基本字根由两个"一"(横)笔画组成。

汉字一共有5种笔画。五笔字型把汉字笔画分成五种：横、竖、撇、捺、折。这与正常的汉字笔画分类不同，所以归类笔画汉字时，要遵循"只看方面，不计长短"的原则。例如，提视为横，点视为捺，左竖钩视为竖，带折均视为折(除左竖钩以外的带转折的笔画)。为了方便记忆和应用，分别用数字"1、2、3、4、5"作为"横、竖、撇、捺、折"这5种基本笔画的代码，如表2-1-1所示。

表2-1-1 汉字的5种笔画

笔画名称	代码	笔画走向	笔画	由基本笔画变形而来的笔画
横	1	从左到右或从左下到右上	一	ノ
竖	2	从上到下	∣	∣
撇	3	从右上到左下	ノ	
捺	4	从左上到右下	㇏	、
折	5	带转折	乙	㇕、㇗、㇛、㇙、㇆

汉字有 3 种字型。字型是汉字各部分的位置关系类型。五笔字型将汉字分为左右型、上下型和杂合型 3 种字型,并分别用代码"1、2、3"来表示,如表 2-1-2 所示。

表2-1-2 汉字的3种字型

字型	代码	字例	注释说明
左右型	1	洒 湖 端 封	字根间有一定间距,总体呈左右排列。汉字结构中的左右结构和左中右结构归于此类
上下型	2	字 意 茫 华	字根间有一定间距,总体呈上下排列。汉字结构中的上下结构和上中下结构归于此类
杂合型	3	因 内 凶 句	字根之间虽有间距,总体呈一体,没有上下左右之分,不分块。汉字结构中的单体字、半包围、全包围结构归于此类

凡属字根相连(指单笔与字根相连或带点结构)一律视为杂合型,例如自、千、本、勺、太等;凡键面字(单个基本字根就是一个完整的字),有单独编码方法,不归于字形范围。

那么,完成客户名单"冯"字的五笔录入,首要任务就是要熟练掌握字根表,知道它们可以拆分成哪些字根,分别在哪些键位上,然后依据书写顺序依次录入就可以完成了。

三、使用五笔录入客户名单"王赢石"

1. 录入常用汉字"赢""擎"

使用五笔输入法录入汉字"赢""擎",方法如图 2-1-6 所示。

YNKY AQKR

图2-1-6 "赢""擎"的五笔录入

上面这两个汉字在进行汉字拆分时,可以拆分出的字根多于 4 个。但五笔字型输入法最多录入 4 码,因此,在录入汉字"赢""擎"时,直接录入的是这两个字的第一、第二、第三和末笔字根。如"赢"输入的是"亠""乙""口""丶",而"擎"输入的则是"艹""勹""口"

"手"这几个字根。

总结一下，使用五笔字型输入法的编码规则。

汉字在输入时最多只能输入4码，共有下面三种情况：

① 正好4码

依次输入字根的编码即可，如表2-1-3所示。

② 超过4码的汉字输入

依次输入第一、第二、第三码和最末字根编码，如表2-1-4所示。

③ 不足4码的汉字输入

按照书写顺序依次输入，当汉字出现在输入框中的第一个位置时，按空格键上屏。

提示：

对于不足4码的汉字录入，如果录入完字根，汉字没有出现在输入框第一个位置，则要输入汉字的末笔识别码。关于末笔识别码在下一任务中介绍。

表2-1-3　正好4码的汉字实例

汉字	拆分字根				编码
	第一字根	第二字根	第三字根	最末字根	
型	一 G	廾 A	刂 J	土 F	GAJF
都	土 F	丿 T	日 J	阝 B	FTJB
热	扌 R	九 V	丶 Y	灬 O	RVYO
蒙	艹 A	冖 P	一 G	豕 E	APGE

表2-1-4　超过4码的汉字实例

汉字	拆分字根				编码
	第一字根	第二字根	第三字根	最末字根	
赢	亠 Y	乙 N	口 K	丶 Y	YNKY
餐	⺊ H	夕 Q	又 C	⺄ E	HQCE
蔑	艹 A	罒 L	厂 D	丿 T	ALDT
魔	广 Y	木 S	木 S	厶 C	YSSC

2. 录入常用汉字"祺""石""方"

打开记事本，使用五笔输入法输入以下内容，就完成了汉字"祺""石""方"的输入，如图2-1-7所示。

PYAW　DGTG　YYGN

图2-1-7　"祺""石""方"的五笔录入

在输入的过程中，汉字"祺"按照字根的拆分，只需要输入三码，汉字就出现在输入框第一个位置了，再按空格键就可以完成录入。而汉字"石"和"方"本身就是字根，不能再拆分了，像这样的汉字，称它为键面字，键面字有特殊的录入规则。键面字共有三种：

1) 键名字

键名字(键面上的第一个字根)的输入方法：把所在键连打四下。

例如："王"字就是连打四下【G】键，即"GGGG"。

键名字一共有 25 个，它们所在的键位如图 2-1-8 所示。

图2-1-8　键名字分布图

2) 成字字根

成字字根(除键名字以外的其他字根)的输入方法：所在键(也称"报户口") + 第一笔画 + 第二笔画 + 末笔笔画。输入示例如表 2-1-5 所示。

例如："五"字在【G】键上(报户口 G)、第一笔画是"一"(G)、第二笔画是"丨"(H)、末笔笔画是"一"(G)，所以汉字"五"的完整编码是"GGHG"。

表2-1-5　输入成字字根实例

成字字根	报户口	首笔笔画	次笔笔画	末笔笔画	编码
石	石 D	一 G	丿 T	一 G	DGTG
七	七 A	一 G	乙 N	补打空格	AGN
车	车 L	一 G	乙 N	丨 H	LGNH
马	马 C	乙 N	乙 N	一 G	CNNG
乃	乃 E	丿 T	乙 N	补打空格	ETN
戈	戈 A	一 G	乙 N	丿 T	AGNT
羽	羽 N	乙 N	丶 Y	一 G	NNYG
弓	弓 X	乙 N	一 G	乙 N	XNGN
心	心 N	丶 Y	乙 N	丶 Y	NYNY

提示：

成字字根如果是两笔，编码规则就是：所在键 + 第一笔画 + 第二笔画 + 空格，例如："丁"字的五笔字型输入码是"SGH空格"。

3) 五种单笔画

在五笔字型字根总表中，五种单笔画——横(一)、竖(丨)、撇(丿)、捺(丶)和折(乙)的输入方法：所在键 + 所在键 + L + L。五种笔画编码如表 2-1-6 所示。

表2-1-6　五种单笔画编码

单笔画	单笔画所在键位	单笔画所在键位	字母键	字母键	编码
一	11G	11G	24L	24L	GGLL
丨	21H	21H	24L	24L	HHLL
丿	31T	31T	24L	24L	TTLL
丶	41Y	41Y	24L	24L	YYLL
乙	51N	51N	24L	24L	NNLL

汉字"石"属于成字字根，第 1 笔所在键为【D】，第 2 笔为第一笔画"一"在【G】键，第 3 笔"丿"在【T】键，最后一笔为"一"在【G】键。同理输入汉字"方"。

提示：

录入汉字"方"时，输入前两码汉字就出现在输入框的第一个位置，此时可以按空格完成录入。也可以按照拆分规则继续输入字根"一"和"乙"完成录入，这样的录入方法称为全码录入。

根据五笔字型输入规则，录入客户名单"王赢石"，分别按照键名字、超过 4 码汉字录入、成字字根规则，就可以方便完成录入了。

任务实练

客户名单常用字拆分比赛。打开金山打字通，进行综合字根和常用字录入练习。然后分组完成以下汉字拆分，以最后一名同学录入完成的时间为小组完成时间。按照小组成绩给各组同学记分，第一名小组 5 分，第二名小组 4 分，以此类推。

第一组：整、健、耀、奥、芩、淞、随、续、轩、春
第二组：露、密、财、哲、妍、势、悦、红、刚、奕
第三组：怡、晨、乐、盛、勤、武、涵、竹、羽、彦
第四组：殷、盈、婕、淑、州、年、段、渊、泓、媛
第五组：娟、凌、栋、棠、看、茵、耘、卫、予、飞

任务总结

五笔字型输入法需要多加练习才能掌握，正所谓熟能生巧。下面总结了五笔字根口诀详解供大家参考，如表 2-1-7 所示。

五笔字根口诀是为了帮助五笔字型初学者记忆字根而编写的，是将每个键上的字根进行组合汇编，运用谐音和象形等手法汇编而成。它通俗易记，对初学者掌握字根有很大帮助，如表 2-1-7 所示。

表2-1-7　五笔字根口诀及详解

字根键位图	区位号及键位	字根口诀	解释说明
王±一五戈　一　G	11 G	王旁青头戈(兼)五一	王旁是指偏旁部首"王"；青头指"青"字上半部分"龶"；"兼"与"戈"同音；"一"和"龶"笔画数为1，在1位上
土士二十干甲寸雨　地　F	12 F	土士二干十寸雨	雨指"雨"字头，"甲"与"十"形似，要对其特殊记忆
大犬三羊古石厂…　在　D	13 D	大犬三羊古石厂	"羊"指羊字底"羊"，而"龹"和"彐"和"羊"相似；"ア""ナ""ナ"与"厂"相似
木丁西　要　S	14 S	木丁西	"西"还可以指"西字头"，例如汉字"贾"
工匚七戈廾廿…　工　A	15 A	工戈草头右框七	右框指"匚"；"廿"、"廾"与"廿"形似；"戈"与"弋"相似，第二笔为折，所以位号为5
目且卜上止…广广　上　H	21 H	目具上止卜虎皮	"具上"指具字的上部；"虎皮"指"虎"字和"皮"字的外部偏旁；"卜"与"卜"相似；"止"和"龰"与"上"形似
日曰丨川早虫　是　J	22 J	日早两竖与虫依	"日曰早虫"由键名字根"日"变形而来；"两竖"即"刂"；"依"是为了押韵，无意义
口川川　中　K	23 K	口与川，字根稀	竖笔画数为3，"川"是由"川"变形而来；"字根稀"指此键上的字根比较少
田甲四皿车力口皿…　国　L	24 L	田甲方框四车力	"方框"是指"口"；"车"的繁体字"車"与"田""甲"形近；"四皿罒皿"首笔为竖，形如"四"同4，区位号24
山由门贝几凸…　同　M	25 M	山由贝，下框几	"山由贝"的首笔为竖，次笔为折，故在25键位上；"下框"是指"冂"；"凸"与"冂"相似
禾禾丿竹彳夂…　和　T	31 T	禾竹一撇双人立，反文条头共三一	"禾"与"禾"形近；"夂"与"夂"形近；"丿竹夂"首笔为撇，次笔为横，故在31键上，"丿"的笔画数与位号一致

(续表)

字根键位图	区位号及键位	字根口诀	解释说明
白手看头三二斤 的 R	32 R	白手看头三二斤	"看头"指"看"字的上部"手"；"厂彡"撇笔画数为2；"三二"指字根都在32键【R】上
月乃用家衣底 有 E	33 E	月彡(衫)乃用家衣底	"月乃用"与"月丹"形近；"彡"首笔为撇，下面加3点，故键位为33；"彡豕豖"都有3撇；"家衣底"指"家"字和"衣"字的下部
人和八，三四里 人 W	34 W	人和八，三四里	"亻"由"人"变形而来；"八"首笔为撇3，次笔为捺4，故在34键位上；"登祭头"和"八"形似；"三四里"指在34键【W】上
金勺缺点无尾鱼 我 Q	35 Q	金勺缺点无尾鱼，犬旁留叉儿一点夕，氏无七	"勺缺点"即"勹"；"无尾鱼"指鱼字的上部；"氏无七"指"氏"字的外部
言文方广在四一 主 Y	41 Y	言文方广在四一，高头一捺谁人去	"在四一"指前面介绍的字根都在41键【Y】上；"高头"指"高"字的上部；"一捺"指笔画捺和点；"谁人去"指"谁"字的右部
立辛两点六门疒 产 U	42 U	立辛两点六门疒	"六辛"与键名字根"立"形似；"门"首次笔为42；"冫、丬、丷、丷、疒"字根都有两点
水旁兴头小倒立 不 I	43 I	水旁兴头小倒立	"氺氶水"与键名字"水"形近，"小业业业"均有三点；"氵"以点起笔，笔画数为3
火业头，四点米 为 O	44 O	火业头，四点米	"火"是键名字根；"业业小"形近；"米"与"灬"都有四个点
之字军盖道建底 这 P	45 P	之字军盖道建底，摘礻(示)衤(衣)	"之辶廴"首次笔为45，并且形近；"宀、冖"首次笔为45，均指宝盖；"道建底"即"道建"的底部，"礻"是指"礻衤"分别去掉一点和两点
已己巳乙 民 N	51 N	己半巳满不出己，左框折尸心和羽	"己己巳尸尸"首次笔为51；"忄忄"由"心"字变形而来；"左框"是指"コ"
子耳了也框向上 了 B	52 B	子耳了也框向上	"子子了阝阝耳也"首次笔为52；"巜"笔画数与位号一致；"框向上"是指"凵"

（续表）

字根键位图	区位号及键位	字根口诀	解释说明
女刀九ヨ 曰《《 **发 V**	53 V	女刀九臼山朝西	"女刀"首次笔为52；"《《"笔画数与位号一致；"山朝西"是指"ヨ"
又厶巴马 ス乛 **以 C**	54 C	又巴马，丢矢矣	"ス乛"由键名字根"又"变形而来；"丢矢矣"是指"厶"，首次笔为54；"巴马"首笔为折，所以区号为5
纟幺弓匕 纟幺ヒ **经 X**	55 X	慈母无心弓和匕，幼无力	"纟幺"由键名字根"纟"变形而来；"口弓匕ヒ"形似，首次笔均为折，区位码为55

任务二　信息录入

在工作中经常有快速录入大量客户信息的需求，为提高速度，需要掌握五笔输入法提速技巧，五笔字型输入法提供了简码录入和词组录入，大大提升了汉字录入速度。所以，在汉字录入过程中，能够使用简码和词组录入的，尽可能使用简码和词组进行汉字录入。

任务情境

有的汉字在输入完所有字根后，仍然没有出现在输入框的第一个位置，这样的汉字如何完成输入呢？

任务展示

本任务客户信息录入结果如图2-2-1所示。

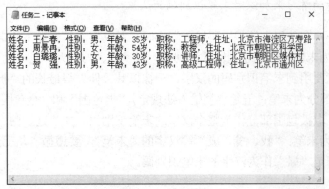

图2-2-1　输入结果

任务实施

一、使用全码录入客户职称信息"工程师"

将下面内容用五笔输入法输入客户职称信息后，就完成了客户职称信息"工程师"的录入，如图2-2-2所示。

AAAA TKGG JGMH

图2-2-2　"工程师"的全码录入

在客户职称信息"工程师"的全码录入中，汉字"程"的字根按照书写顺序输入完成后，汉字并没有出现在输入框中。这种情况下，汉字的拆分不足4码，需要补打该字的末笔识别码。

末笔识别码是以汉字末笔画代码为区号、字形代码为位号构成的。例如：汉字"程"字的最后一笔画为"横"，末笔画代码为"1"；字形结构为"左右型"，字形代码为"1"；因此"程"字的末笔识别码为"11"，即【G】键。汉字"程"字由"禾、口、王"三个字根组成，再加上末笔识别码"G"，其完整编码为"TKGG"。表2-2-1列出了汉字输入时所用到的15个末笔识别码。

表2-2-1　汉字的末笔识别码

字型代码	末笔代码				
	横(1)	竖(2)	撇(3)	捺(4)	折(5)
左右型 1	G(11)	H(21)	T(31)	Y(41)	N(51)
上下型 2	F(12)	J(22)	R(32)	U(42)	B(52)
杂合型 3	D(13)	K(23)	E(33)	I(43)	V(53)

提示：

末笔识别码对于初学者来说是重点，也是难点。对末笔识别码的运用要在理解的基础上加以记忆，并用大量的练习来加深对末笔识别码的认识。

需要注意的是，在使用末笔识别码输入汉字时，对汉字末笔有如下约定：

① 以"折"为末笔：五笔字型输入法规定，以"力、刀、九、匕、七"字根作为汉字最后一个字根，并且要用到末笔识别码的汉字，一律以其"伸"得最长的"折"笔作为末笔。

② 以被包围部分为末笔：五笔字型输入法规定，"半包围"和"全包围"的汉字取末笔字形交叉识别码时，取被包围部分作为整个汉字的末笔识别码，如"延、回、疾"等。

③ 以"撇"为末笔："我、戋、成"等汉字的"末笔"，要遵循"从上到下"的汉字书写顺序原则，一律规定"撇"作为汉字的末笔识别码。

二、使用简码录入客户职业信息"工人"

按照五笔输入法简码输入规则录入客户职业信息"工人",如图2-2-3所示。

A 空格 W 空格

图2-2-3 "工人"的简码录入

在使用五笔字型输入法进行汉字录入时会发现,有时候还没有输入完汉字的字根,汉字就显示在输入框的第一个位置,五笔字型输入法为常用字提供了简码输入方法。录入五笔字型中的简码汉字时,可以只取前面的1至3个字根,再按空格键输入。即只取最前面的1个、2个或3个字根输入,形成汉字的一、二、三级简码。

1. 一级简码

一级简码又称高频字,即使用频率比较高的字。一级简码分布在键盘中的25个键位上(【Z】键除外),每一个字母键对应一个一级简码,具体分布如图2-2-4所示。

图2-2-4 一级简码

一级简码的输入方法很简单,只需按一级简码所在的键位再按空格键就可完成输入。例如,输入一级简码"工",先按【A】键再按空格键即可;输入一级简码"人",只需要按【W】键再按空格键即可。

2. 二级简码的输入

二级简码需要输入汉字编码的前两个字根码,再按空格键。五笔字型输入法的二级简码有600多个,表2-2-2所示为5个区二级简码的分布情况。

表2-2-2 二级简码表

区号		位号				
		G F D S A	H J K L M	T R E W Q	Y U I O P	N B V C X
		1 2 3 4 5	1 2 3 4 5	1 2 3 4 5	1 2 3 4 5	1 2 3 4 5
第一区	G	五于天末开	下理事画现	玫珠表珍列	玉平不来	与屯妻到互
	F	二寺城霜载	直进吉协南	才垢圾夫无	坟增示赤过	志地雪支
	D	三夺大厅左	丰百右历面	帮原胡春克	太磁砂灰达	成顾肆友龙
	S	本村枯林械	相查可楞机	格析极检构	术样档杰棕	杨李要权楷
	A	七革基苛式	牙划或功贡	攻匠菜共区	芳燕东　芝	世节切芭药

区号		位号				
		G F D S A 1 2 3 4 5	H J K L M 1 2 3 4 5	T R E W Q 1 2 3 4 5	Y U I O P 1 2 3 4 5	N B V C X 1 2 3 4 5
第二区	H	睛睦睚盯虎	止旧占卤贞	睡睥肯具餐	眩瞳步眯瞎	卢 眼皮此
	J	量时晨果虹	早昌蝇曙遇	昨蝗明蛤晚	景暗晃显晕	电最归紧昆
	K	呈叶顺呆呀	中虽吕另员	呼听吸只史	嘛啼吵噗喧	叫啊哪吧哟
	L	车轩因困轼	四辊加男轴	力斩胃办罗	罚较 辚边	思团轨轻累
	M	同财央朵曲	由则 崭册	几贩骨内风	凡赠峭赎迪	岂邮 凤嶷
第二区	H	睛睦睚盯虎	止旧占卤贞	睡睥肯具餐	眩瞳步眯瞎	卢 眼皮此
	J	量时晨果虹	早昌蝇曙遇	昨蝗明蛤晚	景暗晃显晕	电最归紧昆
	K	呈叶顺呆呀	中虽吕另员	呼听吸只史	嘛啼吵噗喧	叫啊哪吧哟
	L	车轩因困轼	四辊加男轴	力斩胃办罗	罚较 辚边	思团轨轻累
	M	同财央朵曲	由则 崭册	几贩骨内风	凡赠峭赎迪	岂邮 凤嶷
第四区	Y	主计庆订度	让刘训为高	放诉衣认义	方说就变这	记离良充率
	U	闰半关亲并	站间部曾商	产瓣前闪交	六立冰普帝	决闻妆冯北
	I	汪地尖洒江	小浊澡渐没	少泊肖兴光	注洋水淡学	沁池当汉涨
	O	业灶类灯煤	粘烛炽烟灿	烽煌粗粉炮	米料炒炎迷	断籽娄烃糯
	P	定守害宁宽	寂审宫军宙	客宾家空宛	社实宵灾之	官字安 它
第五区	N	怀导居 民	收慢避惭届	必怕 愉懈	心习悄屡忱	忆敢恨怪尼
	B	卫际承阿陈	耻阳职阵出	降孤阴队隐	防联孙耿辽	也子限取陛
	V	姨寻姑杂毁	叟旭如舅妯	九 奶 婚	妨嫌录灵巡	刀好妇妈姆
	C	骊对参骠戏	骒台劝观	矣牟能难允	驻 驼	马邓艰双
	X	线结顷 红	引旨强细纲	张绵级给约	纺弱纱继综	纪弛绿经比

3. 三级简码的输入

三级简码需要输入汉字编码的前 3 个字根。只要汉字的前三个字根编码在这个编码体系中是唯一的，一般都作为三级简码。三级简码的输入方法是：第一字根+第二字根+第三字根+空格键，即取汉字的前 3 个字根再加一个空格键。

例如汉字"丽"的全码为"GMYY"，但"丽"是三级简码，只需要输入编码"GMY"加一个空格键即可输入。

提示：

从形式上看，三级简码和全码汉字的输入都按 4 个键，但实际上却大不相同。三级简码少分拆了 1 个字根，减轻了脑力负担，并且三级简码最后按空格键用右手大拇指，有利于其他手指自由变位，快速进入下一个字的输入状态。

三、按照词组录入规则，录入客户职业信息"工人"

按照五笔输入法词组规则录入客户职业信息"工人"，如图2-2-5所示。

AAWW

图2-2-5　按照词组规则录入结果

五笔字型中，词组的录入必须遵循汉字的全码取码规则。词组"工人"是两字词组，分别取汉字"工"和汉字"人"的全码，再遵循两字词组录入规则进行录入。

1. 两字词组的输入

两字词组在汉语词汇中占有很大的比例。两字词组的输入方法是：分别取两个汉字的前两个字根码，共4码即可输入两字词组。

例如，输入词组"工人"，按照录入规则，汉字"工"和汉字"人"的全码分别是"AAAA"和"WWWW"，取两个字的前两码，所以词组"工人"的完整编码是"AAWW"；如输入词组"简历"，分别取两个字的前两个字根"⺮、门、厂、力"的编码，其完整编码为"TUDL"，如表2-2-3所示。

表2-2-3　两字词组的输入

工人	工	工	人	人	简历	⺮	门	厂	力
AAWW	A	A	W	W	TUDL	T	U	D	L

2. 三字词组的输入

三字词组的输入方法是：分别取前两个字全码的第一个字根码，再取第三个字的前两个字根码，共4码即可输入三字词组。

例如，输入三字词组"计算机"，分别取前两字的第一个字根"讠、⺮"的编码，再取第三个字的前两个字根"木、几"的编码，其完整编码为"YTSM"；输入三字词组"新时代"，分别取前两字的第一个字根"立、日"的编码，再取第三字的前两个字根"人、弋"的编码，其完整编码为"UJWA"，如表2-2-4所示。

表2-2-4　三字词组的输入

计算机	讠	⺮	木	几	新时代	立	日	人	弋
YTSM	Y	T	S	M	UJWA	U	J	W	A

3. 四字词组的输入

四字词组的输入方法是：分别取4个字全码的第一个字根码，共4码即可输入四字词组。

例如，输入四字词组"首屈一指"，分别取4个字的第一个字根"⺶、尸、一、扌"的编码，其完整编码为"UNGR"；输入四字词组"春华秋实"，分别取4个字的第一个字根"三、人、禾、宀"的编码，其完整编码为"DWTP"，如表2-2-5所示。

表2-2-5 四字词组的输入

首屈一指	⺌	尸	一	扌	春华秋实	三	人	禾	宀
UNGR	U	N	G	R	DWTP	D	W	T	P

4. 多字词组的输入

多字词组的输入方法是：分别取第一、第二、第三个汉字和最后一个汉字的第一个字根码，共四码即可输入多字词组。

例如，输入多字词组"中国共产党"，分别取"中、国、共、党"的第一个字根"口、口、艹、⺌"的编码，其完整编码为"KLAI"；输入多字词组"理论联系实际"，分别取"理、论、联、际"的第一个字根"王、讠、耳、阝"的编码，其完整编码为"GYBB"，如表2-2-6所示。

表2-2-6 多字词组的输入

中国共产党	口	口	艹	⺌	理论联系实际	王	讠	耳	阝
KLAI	K	L	A	I	GYBB	G	Y	B	B

任务实练

打开写字板，录入以下客户基本信息。

姓名：王仁春，性别：男，年龄：35岁，职称：工程师，住址：北京市海淀区万寿路

姓名：周景冉，性别：女，年龄：54岁，职称：教授，住址：北京市朝阳区科学园

姓名：白璐璐，性别：女，年龄：30岁，职称：讲师，住址：北京市朝阳区媒体村

姓名：贺　强，性别：男，年龄：43岁，职称：高级工程师，住址：北京市通州区

任务总结

使用五笔输入法进行汉字录入，相比其他拼音输入法来说，前期字根和单字录入掌握有一定难度，但是一旦掌握了方法，汉字录入的速度提升有很大的空间，这是其他输入法所不能及的。另外，五笔输入法在看打方面非常有优势，拼音输入法在听打方面凸显优势。

项 目 习 题

一、选择题

1. 对于汉字"早"的拆分，叙述正确的是＿＿＿。

　　A. 拆分成"日"和"十"　　　　　　　　B. 按键外字拆分

　　C. 成字字根　　　　　　　　　　　　D. 以上都不对

2. 汉字"升"的五笔字型编码是_____。

    A. TGTH　　　　　　　B. TAK

    C. ATGH　　　　　　　D. TAJ

3. 汉字"瓜"的五笔字型编码是_____。

    A. TTCY　　　　　　　B. RCYU

    C. TTNY　　　　　　　D. RCYI

4. 词语"基本建设"的五笔字型编码是_____。

    A. GSVY　　　　　　　B. AGVY

    C. ASVY　　　　　　　D. GGVY

5. 词语"不切实际"的五笔字型编码是_____。

    A. GGPB　　　　　　　B. GAPB

    C. DAPB　　　　　　　D. DGPB

二、操作题

1. 巩固背诵五笔字型五个区的字根口诀。

2. 利用金山打字软件熟练掌握五笔字型 5 个区的字根。

3. 在记事本中使用简码输入下面的汉字：

不、的、产、是、中、为、发、民、经、五、于、下、不、理、二、直、本、时、轩、车、由、偿、粘、录、纱、鱼、万、庄、习、旷、钓、庙、故、千、仆、仁、足、自。

4. 在记事本中输入下面的词语：

金融、会计、计算机、市场经济、哪里、困难、奥林匹克、精通、投资者、对外贸易、基金、利率、中央人民广播电台、北京、善罢甘休、程序逻辑、惊惶失措、衣食住行、方针政策、一切从实际出发、搬起石头砸自己的脚、百尺竿头更进一步。

5. 使用金山打字通软件练习专业文章——5 篇经贸文章。

项目三

开展营销活动和服务培训

📖 **思考题**

1. 常用的文字处理软件有哪些?
2. Word软件在处理文字方面有哪些优势?
3. 在银行工作使用Word能给我们带来哪些便利?

📖 **项目情境**

沈明在柜员岗位工作一段时间后,由于表现良好,被调职为大堂经理。面对新岗位挑战,需要处理的文字排版工作增多,于是沈明决定尽快熟练掌握Word 2016,以便更好地完成领导布置的各项任务。

📖 **能力目标**

1. 能够进行图文混排
2. 能够设置图片艺术字格式和使用艺术字
3. 能够创建表格
4. 能够进行表格的基本操作
5. 能够美化表格
6. 能够运用表格数据进行简单运算
7. 能够给长文档加目录
8. 能够给文档添加页码、页数、页眉和页脚等
9. 能够正确使用分节符

📖 **知识目标**

1. 掌握图文混排版式
2. 掌握图片工具使用方法
3. 熟练掌握艺术字的使用方法
4. 掌握表格创建方法
5. 掌握边框和底纹的使用方法
6. 掌握表格求和、平均值计算

7. 掌握长文档排版技巧

8. 掌握目录插入方法及格式刷用法

9. 掌握页码、页眉和页脚的插入方法

10. 掌握分节符的使用方法

素质目标

1. 培养语言表达能力、协作沟通能力

2. 培养积极思考、自主学习能力

3. 培养审美意识和认真严谨的工作作风

思政导入

随着科学技术、社会经济的迅猛发展，熟练使用办公软件的能力变得越来越重要。微软Office系列中的Word和我国金山公司研发的WPS都是常见的文字处理软件。

说到WPS，在很多人的印象中是微软的模仿者，但很少有人知道，WPS才是真正的国产办公软件的鼻祖。1988年5月，金山公司的创始人求伯君开发的WPS1.0，迅速占领了国内文字处理软件的市场。到了1996年，微软想进入中国市场，找到金山公司希望能共享WPS格式，与Word相互兼容。结果由于各种原因，微软进入中国后迅速地将WPS的老用户转移到自己的平台上，快速占领了中国市场份额。

现在我们所用的WPS已经不是当年的WPS，微软的Office已经成为行业标杆，金山公司后上任的经理雷军(现小米公司总裁)只能推翻原有的内部代码，做一个界面类似Office的软件，适应用户的使用习惯。而这，也就成了WPS日后被攻击的原罪。但实际上，现在WPS看似"抄袭"的行为，其实符合当初微软主动签订的兼容协议。

2005年，WPS2005面世。它在功能上实现了Office当时的所有功能，并在2007年宣布个人版永久免费。至今，WPS在许多功能上已经超过了Office，比如PC与移动端的互通，云存储，文件格式兼容等方面。

在外国软件垄断行业的时候，在他们放任盗版的时候，WPS站了出来，免费提供给所有人使用，而它在盈利方面还不足Office的零头。在国产软件开发领域，不缺少像求伯君像金山软件一样坚持梦想的人，缺少的却是了解和鼓励。

自中美开始贸易战以来，世界的主旋律就开始由美国所主导的"全球化"过程走向中美逐渐对立的"去全球化"的过程。在转变的过程中，我们要想不受制于人，就必须拥有一套属于我们自己的现代信息产业体系。2020年8月，国务院印发了《新时期促进集成电路产业和软件产业高质量发展的若干政策》，支持集成电路和软件产业的发展。未来随着国产软件技术水平的逐步提升，实现软件国产化替代将成为长期趋势。

任务一　排版活动方案

一篇好的文章，内容固然重要，但排版更加重要。一份排版整齐的文档，可读性更强，能让人观感更好。很多时候，我们稍做修改就可以提高文档排版的美观性和实效性。

任务情境

兴业银行以客户为中心，跟随市场形势变化，创新金融产品，新推出一款"安愉人生"养老金融综合服务业务活动，作为大堂经理的沈明需要制作一份业务海报，主题是"愿岁月宽容，时光慢些走，愿每个人都能善待父母，不要让陪伴，成为遗憾。"

任务展示

本任务排版活动方案效果图如图3-1-1所示。

图3-1-1　银行业务活动海报

背景知识

Word 是微软公司 Office 办公软件之中一个功能强大的文字处理软件，也是办公中文档资料处理的首选软件。它可以实现中英文文字的录入、编辑、排版和灵活的图文混排，可以绘制各种的表格，也可以方便地导入工作图表和自带或网络各种图片，插入视频等，还可直接另存为 PDF 文件。

一、Word主要功能和特点

1. Word的功能

1）所见即所得

用户用 Word 软件编排文档，使得打印效果在屏幕上一目了然。

2) 直观的操作界面

Word 软件界面友好，提供了丰富多彩的工具，利用鼠标就可以完成选择、排版等操作。

3) 多媒体混排

用 Word 软件可以编辑文字图形、图像、声音、动画，还可以插入其他软件制作的信息，也可以用 Word 软件提供的绘图工具进行图形制作，编辑艺术字、数学公式，能够满足用户的各种文档处理要求。

4) 强大的制表功能

Word 软件提供了强大的制表功能，不仅可以自动制表，也可以手动制表。表格中的数据可以自动计算，表格还可以进行各种修饰。在 Word 软件中，还可以直接插入电子表格。用 Word 软件制作表格，既轻松又美观，既快捷又方便。

5) 自动功能

Word 软件提供了拼写和语法检查功能，提高了英文文章编辑的正确性，如果发现语法错误或拼写错误，Word 软件还提供修正的建议。当编辑好文档后，Word 可以帮助用户自动编写摘要，为用户节省了大量的时间。自动更正功能为用户输入同样的字符，提供了很好的帮助，用户可以自己定义字符的输入，当用户要输入同样的若干字符时，可以定义一个字母来代替，尤其在汉字输入时，该功能可以使用户的输入速度大大提高。

6) 模板与向导功能

Word 软件提供了大量丰富的模板，使用户在编写某一类文档时，能很快建立相应的格式，而且，Word 软件允许用户自己定义模板，为用户建立特殊需要的文档提供了高效而快捷的方法。

7) 丰富的帮助功能

Word 软件的帮助功能详细而丰富，使得用户遇到问题时，能够找到解决问题的方法，为用户自学提供了方便。

8) Web工具支持

计算机在因特网上的应用最为广泛和普及，因此，Word 软件提供了 Web 的支持，用户根据 Web 页向导，可以快捷而方便地制作出 Web 页(通常称为网页)。

9) 超强兼容性

Word 软件可以支持许多种格式的文档，也可以将 Word 编辑的文档以其他格式的文件进行保存，这为 Word 软件和其他软件的信息交换提供了极大的方便。用 Word 还可以编辑邮件、信封、备忘录、报告、网页等。

10) 强大的打印功能

Word 软件提供了打印预览功能，具有对打印机参数的强大的支持性和配置性。

二、运行环境

软件名称：Word 2016。

支持系统：Win7/Win8/Win10。

支持 iOS：iOS 13 及以上。

支持 Android：Android 6.0 及以上。

任务实施

一、使用图片水印制作海报背景

对于初学者来说，首先要了解如何启动和退出 Word 2016 应用程序。

1. Word 2016的启动

1）使用【开始】菜单

单击【开始】/【Word 2016】，即可启动 Word 2016 应用程序。选择空白文档，看到如图 3-1-2 所示的窗口界面。

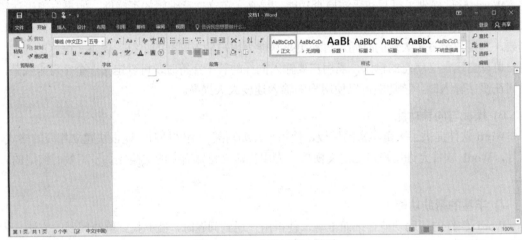

图3-1-2　Word 2016窗口界面

2）使用快捷菜单

在桌面空白区域单击鼠标右键，在弹出的快捷菜单中，选择【新建】/【Microsoft Word 文档】菜单项，在桌面上就出现了一个新文档的图标，用鼠标双击该图标即可进入 Word 文档；或者在新建文档上单击右键，然后单击【打开】命令，也能打开 Word 2016 应用程序。

2. 熟悉窗口的组成

1）标题栏

标题栏位于窗口顶部，它显示应用程序名称及当前正在编辑的文档名称。标题栏的左侧是自定义快速访问工具栏，右侧是控制窗口的 3 个按钮：最小化按钮、还原(最大化)按钮和关闭按钮和功能区显示选项。

2）选项卡

在默认状态下，包含【文件】菜单，【开始】、【插入】、【设计】、【布局】、【引用】、【邮件】、【审阅】和【视图】8 个选项卡。例如：【开始】选项卡中包括剪贴板、字体、段落、样式和编辑五个功能组，主要用于文字编辑和格式设置，是我们最常用的选项卡。

3) 编辑区

编辑区中有一个闪烁的光标，表示当前插入点，用于输入文字和特殊符号，插入图片、图表、形状等。每个段落用回车键结束，其后都有一个段落标志。

4) 滚动条

文档窗口的右边是垂直滚动条，下边是水平滚动条，用户可移动滚动条的滑块或单击滚动条两端的箭头按钮，滚动查看当前屏幕上未显示出来的文档内容。

5) 状态栏

状态栏位于窗口的底部。状态栏左侧显示当前文档的页码、总页数和字数，使用的语言。状态栏右侧是视图切换按钮，单击按钮可以选择相应的视图方式。

3. Word 2016的退出

退出 Word 2016 的方法有以下几种：

① 选择【文件】菜单/【关闭】命令。

② 单击 Word 2016 窗口标题栏右上角的【关闭】按钮。

4. 图片水印的设置

选择【设计】选项卡，在【页面背景】功能组中单击【水印】下拉按钮，选择【自定义水印】命令，弹出【水印】对话框。选中【图片水印】单选按钮，单击【选择图片】按钮，选择素材"背景.jpg"，缩放比例设置350%，取消冲蚀效果，如图 3-1-3 所示。

5. 文字水印的设置

在进行水印设置时，如果想进行文字水印，可以选择【设计】选项卡，在【页面背景】功能组中单击【水印】下拉按钮，选择【自定义水印】命令，弹出【水印】对话框。选中【文字水印】单选按钮，文字输入：兴业银行，同时可以为文字设置字体、字号、颜色和显示版式，如图 3-1-4 所示。

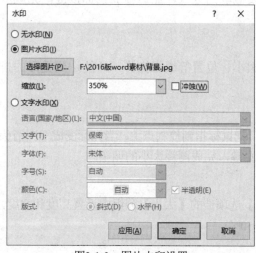

图3-1-3　图片水印设置

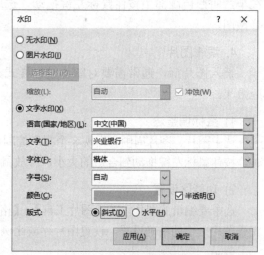

图3-1-4　文字水印设置

6. 水印的删除

选择【设计】选项卡，在【页面背景】功能组中单击【水印】下拉按钮，选择【删除水印】

命令即可。

二、使用图片和艺术字修饰海报

Word 文档中插入的图片可以是用户电脑里存储的图片，也可以是在线联机图片，还可以插入屏幕截图，如图 3-1-5 所示。

图3-1-5 "插图"功能组

1. 插入外部图片

把光标定位到需要插入图片的位置，选择【插入】选项卡/【插图】功能组中/【图片】按钮，打开【插入图片】对话框，选取素材文件中的"logo"文件。单击【插入】按钮，完成图片的插入。

2. 插入联机图片

把光标定位到需要插入图片的位置，在【插图】组单击【联机图片】按钮，选择【必应图片搜索】，在文本框中输入搜索关键词，然后选择需要的图片，单击【插入】按钮，开始下载并插入图片。

3. 插入屏幕截图

用户在编写文档时，可以直接截取屏幕窗口或者屏幕中某个区域的图像，这些图像会自动插入光标的当前位置。操作方法为：在【插图】功能组单击【屏幕截图】按钮，在下拉列表中选择【屏幕窗口】，可以插入全屏图像。如果要自定义截取图像，单击【屏幕剪辑】命令，在半透明白色画面中按住鼠标左键拖动，选取要截取的区域，然后释放鼠标按键，完成屏幕截图。

4. 编辑图片

插入图片后，通常需要对图片进行样式、大小、位置等编辑操作，才能达到更好的排版效果。

1) 鼠标调整法

选中图片，图片周围会出现 8 个圆形控制点，把鼠标指到控制点上，当光标变成双向箭头时，按住鼠标左键拖动到合适的大小，释放鼠标左键，完成图片大小的调整。

2) 功能区设置

选中要编辑的图片，在【图片工具】/【格式】选项卡的【大小】分组中设置高度和宽度，完成图片大小的精确设置。设置图片缩放比例为 50%。

说明：

在【图片工具/格式】选项卡的【大小】分组中单击【剪裁】，图片的控制点会变成裁剪标记，将光标放到裁剪位置上，按住鼠标左键拖动到合适的位置后松开，即可完成图片的裁剪。

5. 设置图片布局

图片布局指的是图片在文档中的位置以及图片与文字的环绕方式。通过设置图片布局，可以把图片放在文档合适的位置。

1) 设置文字环绕方式

选中要设置的图片，切换到【图片工具】/【格式】选项卡，在【排列】组单击【环绕文字】按钮，在弹出的下拉列表中选择一种文字环绕方式，比如：四周型环绕。

2) 设置图片在文档中的位置

调整图片位置最直接的方法是，将光标移到图片上，当指针变成四向箭头时，按住鼠标左键拖动图片到合适的位置后释放左键即可。或者在选项卡的【排列】分组中单击【位置】在弹出的下拉列表中选择一种位置方式，可快速调整图片在文档中的位置。

6. 设置图片样式

同一张图片采用不同的样式可以得到不一样的视觉效果。用户可以通过设置图片样式、图片边框等操作，来改变图片的外观效果。

1) 应用图片样式

选中要设置样式的图片，切换到【图片工具】/【格式】选项卡，将光标指到【图片样式】组中的样式上进行预览，对该样式满意时单击即可快速应用该样式，如图 3-1-6 所示。

2) 设置图片边框

选中要设置边框的图片，单击【图片样式】功能组【图片边框】按钮，在弹出的列表框中可以设置边框的颜色、粗细和线型。此外，在【图片效果】列表中可以设置阴影、映像、发光等效果。利用【调整】功能组的功能可以调整图片的亮度和色调。

图3-1-6 【格式】选项卡

7. 插入艺术字

将光标定位到文档中要插入艺术字的位置，单击【插入】选项卡，在【文本】分组中单击【艺术字】按钮，打开【艺术字样式】列表，在其中选择需要的艺术字样式，比如第 2 行第 4 列样式，单击后在文档中随即插入带有"请在此放置您的文字"字样的文本框，接着输入"安愉人生"。完成后，在文档其他位置单击鼠标左键，取消文本框选中状态，即可查看艺术字效果。在页面的最后一段插入艺术字"百业之兴找兴业，兴业与您同行！"样式为第 2 行第 3 列，文本效果为【转换】/【双波形 1】。

8. 编辑艺术字

制作的艺术字自带一定的格式，比如默认的字体为宋体，字号为小初。用户可以对艺术字的文本和文本格式进行编辑和修改。

1）编辑艺术字文本

将光标定位到艺术字框内，可以添加、删除或修改艺术字的文本内容。

2）设置艺术字文本格式

与正常文本格式的设置方法一样，也可以设置艺术字的文本格式。选中艺术字，在【字体】功能组内设置艺术字的字体、字号、颜色、下划线、突出显示等格式。

9. 将普通文本设置成艺术字

选择要设置成艺术字的文字，比如：选中标题行文字，单击【插入】选项卡，在【文本】组单击【艺术字】按钮，打开【艺术字样式】列表，在其中选择一种艺术字样式，比如：第3行第2列样式，可快速将普通文字转换为艺术字。

10. 设置艺术字样式

1）更换艺术字样式

已经制作好的艺术字可以随时更换艺术字样式。方法为：选中艺术字，切换到【绘图工具】/【格式】选项卡，在【艺术字样式】列表中单击一种新的样式即可。

2）设置艺术字的填充效果

选中艺术字，在【艺术字样式】功能组单击【文本填充】按钮，在弹出的颜色列表中选择一种填充颜色。在此列表中还可以选择【渐变】/【其他渐变】颜色样式，预设渐变设置为第4行第4列：底部聚光灯-个性色4。

3）设置艺术字的文本轮廓

选中艺术字，在【艺术字样式】功能组单击【文本轮廓】按钮，在弹出的颜色列表中选择一种轮廓颜色。在此列表中还可以选择轮廓线的粗细和线条样式。

4）设置艺术字的文本效果

选中艺术字，在【艺术字样式】功能组单击【文本效果】按钮，在弹出的列表中选择一种效果，比如：转换，在下级列表中移动鼠标，艺术字会显示对应的文本效果，单击一种合适的文本效果，设置转换效果，倒V形；映像，在下级列表中移动鼠标，艺术字会显示对应的文本映像变体效果。设置映像：【映像变体】/【半映像，接触】，完成文本效果的设置。

三、使用文本框和项目符号、分栏修饰海报

Word文档中可以插入内置样式的文本框，也可以绘制文本框。

1. 插入内置文本框

选择【插入】选项卡，在【文本】分组单击【文本框】按钮，打开文本框下拉列表，列表中内置了许多文本框样式，在其中单击需要的样式，比如：【简单文本框】样式，即可在文档中插入一个文本框，然后输入如下文字内容：兴业银行为中老年客户专属定制的综合金融服务方案，并通过与国内知名的保险、法律咨询、医疗咨询和养老休闲等机构合作，为客户提供从保险、法律、医疗到休闲娱乐、度假养生等一系列增值服务。

2. 绘制文本框

在文本框下拉列表中选择【绘制文本框】命令，按住鼠标左键拖动，当文本框大小合适后，释放鼠标左键，即可绘制出一个空白文本框，然后在文本框中输入文字内容。

3. 编辑文本框

1) 设置文本框的大小和位置

单击文本框的边框将其选中，通过文本框四周的 8 个控制点可以直观地调整文本框的大小。如果调整文本框的大小，文本框内的文本会自动换行。

将光标指向文本框的边框，当光标变成四向箭头时，按住鼠标左键拖动，即可调整文本框在文档中的位置。

2) 设置文本框样式

选中文本框，在【形状样式】功能组单击【其他】样式按钮，打开【文本框样式】面板，在其中选择合适的文本框样式即可应用。

在【插入形状】组中，单击【编辑形状】按钮，弹出【更改形状】命令，选择【星与旗帜】/【六角星】，即可改变文本框的形状。

在【形状样式】功能组单击【形状填充】按钮，在下拉列表中可以设置文本框的填充颜色，有纯色、图片、渐变色和纹理效果。选择【无填充色】可以取消文本框的填充颜色。

在【形状样式】功能组单击【形状轮廓】按钮，在下拉列表中可以设置文本框边框的颜色：标准色蓝色，粗细：0.5 磅，虚线线形：划线-点。选择【无轮廓】可以取消文本框的边框。

3) 文字方向和对齐方式

● 设置文字方向

文本框默认的文字方向是水平方向，即文字是从左向右排列。如果需要改变文字方向，操作方法为：选中文本框，切换到【绘图工具/格式】选项卡，在【文本】选项组单击【文字方向】按钮，弹出文字方向下拉列表，选择需要的文字方向，比如【垂直】，可以看到文本框内文字方向的改变。

● 设置对齐方式

在【文本】选项组单击【对齐文本】按钮，在弹出的下拉列表中有三种对齐方式，选择一种合适的对齐方式，比如：居中对齐，可把文字放在文本框居中位置。

4. 其他设置

在【形状样式】功能组单击右下角【设置形状格式】按钮，或者右键单击文本框边框，在弹出的快捷菜单中选择【设置形状格式】命令，在屏幕右侧打开【设置图片格式】任务窗格，在这里可以设置更多的文本框样式。比如：切换到【形状选项】，单击【布局属性】，打开【文本框】列表，设置文本框的上、下边距均为 0.15 厘米，此时可以看到文本框内文字位置的变动。

5. 项目符号和编号

Word 2016 可以给文档中同类的条目或项目添加一致的项目符号和编号，使文档有条理，层次清晰，可读性强。项目符号使用的是符号，而编号使用的是一组连续的数字或字母，出现在段落前。如图 3-1-7 和图 3-1-8 所示。

1) 设置项目符号

输入如下 4 段文字，"专属理财，信用贷款，便利结算，增值服务"，选中后，单击【开始】选项卡，单击【段落】分组中的【项目符号】按钮，系统会自动为选中的段落添加"●"项目符号。

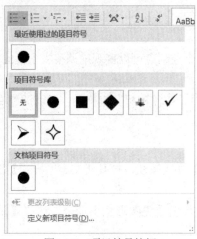

图3-1-7　项目符号按钮　　　　　　　　　　图3-1-8　编号按钮

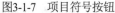

如果希望自定义项目符号，可以单击【项目符号】下拉按钮，在弹出的下拉列表中选择【定义新项目符号】对话框，从中单击【符号】按钮或【图片】按钮，在打开的对话框中选择需要的项目符号。

2）设置编号

选中要添加编号的段落。切换到【开始】选项卡，在【段落】功能组中单击【编号】按钮，系统会自动为选中的段落添加编号【1.，2.，……】。编号样式可以修改，单击【编号】下拉按钮，在弹出的下拉列表中选择需要的编号样式即可。

6. 分栏

分栏是一种常用的排版格式，可将整个文档或部分段落内容在页面上分成多个列显示，使排版更加灵活。选中刚才添加项目符号的段落，切换到【布局】选项卡，在【页面设置】组中单击【分栏】下拉按钮，设置分栏：两栏。在弹出的下拉列表中选择要分栏的数目。如果对分栏有更多设置，可在弹出的下拉列中选择【更多分栏】命令，在打开如图 3-1-9 所示的对话框中进行设置。

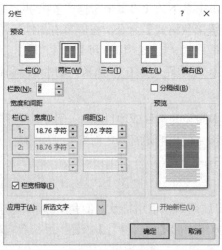

图3-1-9　分栏设置

任务实练

(1) 在 D 盘创建一个 Word 文件，以"学号后两位+姓名"命名。

(2) 设置素材"背景.jpg"为图片水印，设置缩放比例为 350%，取消冲蚀效果。

(3) 插入图片"logo.png"，设置图片环绕方式：四周型，缩放比例：50%。

(4) 插入艺术字，第 2 行第 4 列样式，输入文字"安愉人生"，设置艺术字样式：文本填充颜色【渐变】/【其他渐变】预设渐变设置为第 4 行第 4 列：底部聚光灯-个性色 4。设置艺术字的文本效果：映像，【映像变体】/【半映像，接触】；转换：倒 V 形。

(5) 插入横排文本框并输入一下文字内容：兴业银行为中老年客户专属定制的综合金融服务方案，并通过与国内知名的保险、法律咨询、医疗咨询和养老休闲等机构合作，为客户提供从保险、法律、医疗到休闲娱乐、度假养生等一系列增值服务。更改文本框形状："六角星"，文本框边框的颜色：标准色蓝色，粗细：0.5 磅，和虚线线形：划线-点。文字：居中对齐。文本框的上、下边距：0.15 厘米。

(6) 输入如下 4 段文字，"专属理财，信用贷款，便利结算，增值服务"，添加项目符号"●"，并对其进行分栏：两栏，栏宽为：18.75 字符。

(7) 插入艺术字："百业之兴找兴业，兴业与您同行！"，样式：第 2 行第 3 列，文本效果：【转换】/【双波形 1】。

任务总结

本任务主要涉及的知识点有 Word 的启动与退出、图片水印的设置、图片的插入、艺术字的插入、文本框和项目符号、分栏的设置。需要掌握在文档中插入艺术字的方法，掌握在文档中插入图片的方法，并学会图片格式的设置，包括大小、环绕方式等。

任务二　活动经费表格制作

日常生活中人们经常会用到表格，表格以其直观、简洁明了成为日常办公文档经常使用的一种形式，例如，财务预算表、考勤表、简历表、报名表等等。Word 2016 提供了表格的制作功能，利用这个功能，用户可以制作出满足各种需求的表格。

任务情境

银行准备组织各部门员工进行一次团建活动，增进同事之间的感情和团队凝聚力，展示员工个人魅力，发掘自我潜能，展现积极向上的人生观，同时提升员工对企业的忠诚度和荣誉感。沈明需要按照领导要求，完成活动经费表格制作。

任务展示

本任务活动经费表格制作，效果图如图 3-2-1 所示。

9月团建活动预算表

序号	类别	数量	单价（元）	金额
1	车费	1	500	500
2	午餐	25	25	625
3	应急药品	1	150	150
4	瓶装水	25	2.5	62.5
5	纪念品	20	25	500
6	合计			1837.5

图3-2-1　9月团建活动预算表

任务实施

一、表格的创建和编辑

活动预算表格使用 Word 进行创建，可以通过插入表格和绘制表格两种方法。

1. 插入表格

(1) 插入一个 7 行 5 列的表格，将光标定位到需要插入表格的位置，切换到【插入】选项卡，在【表格】组单击【表格】按钮，弹出表格下拉列表，在预设的方格内移动鼠标选择表格的行、列数，然后单击鼠标左键，即可在文档中插入一个规则的空白表格。

(2) 在表格下拉列表中选择【插入表格】命令，打开【插入表格】对话框，在其中输入表格的列数和行数，然后单击【确定】按钮，也可在文档中创建一个空白表格。然后在单元格中输入文字或者数字。如图 3-2-2 所示。

图3-2-2　插入表格对话框

2. 绘制表格

自动插入的表格都比较规则，对于一些不规则的表格，可以通过手动绘制来创建。

切换到【插入】选项卡，在【表格】功能组单击【表格】按钮，弹出表格下拉列表。在下拉列表中选择【绘制表格】命令，光标将变为笔头形状，移动鼠标到文档需要插入表格的位置，按住鼠标左键拖动，会出现一个虚线框，到合适大小后释放鼠标左键，即可绘制出表格的外边框。

按住鼠标左键从一条线的起点画到终点后释放，即可在表格中画出横线、竖线和斜线，从而将绘制的边框分成若干个单元格，形成不规则的表格。

3. 编辑表格

表格创建后，通常需要对表格进行一定的编辑修改，如添加行、列或删除行、列，合并单元格等。对表格进行编辑时，首先要选中表格或者是其中的行、列对象。

1) 选择表格、行、列对象

- 选择表格：将光标移到表格上，单击表格左上角的四向箭头按钮，可选中整个表格。也可以将光标放在表格中的任意位置，切换到【布局】选项卡，在【表】功能组中单击【选择】下拉按钮，在其下拉列表中选择【选择表格】命令，此时整个表格被选中。
- 选择行：将鼠标移到该行的左侧，当光标变成右向的空心箭头时，单击鼠标左键即可选定一行，拖动鼠标可选择连续的多行。也可以将光标放在选中行的任意位置，在【布局】选项卡的【表】功能组中单击【选择】下拉按钮，在其下拉列表中选择【选择行】命令，此时光标所在的行被选中。
- 选择列：把鼠标移到该列的上方，当光标变成向下的黑色箭头时，单击鼠标左键即可选定一列，拖动鼠标可选择连续的多列。也可以将光标放在选中行的任意位置，在【布局】选项卡的【表】功能组中单击【选择】下拉按钮，在其下拉列表中选择【选择列】命令，此时光标所在的列被选中。
- 选择单元格：将鼠标指向单元格左下角，当光标变成右向的黑色实心箭头时，单击鼠标左键即可选定该单元格；此时双击左键可选中一行单元格。也可以将光标放在选中行的任意位置，在【布局】选项卡的【表】功能组中单击【选择】下拉按钮，在其下拉列表中选择【选择单元格】命令，此时光标所在的单元格被选中。

2) 添加行、列

创建的表格，行、列不够时可以添加，行、列多余时可以删除。

- 第一种方法：

将光标移到表格左框线与行线交叉位置，会出现一个圆形带加号的按钮，单击该按钮可快速添加一行，继续单击可添加多行；将光标移到表格上框线与竖线的交叉位置，单击圆形带加号的按钮，可快速添加一列，继续单击可添加多列。这是 Word 2016 的新功能。

- 第二种方法：

将光标置于要插入行或列的相邻单元格中，选择【表格工具】/【布局】选项卡，在【行和列】分组选择一种插入方式，即可添加新行或新列；或者单击鼠标右键后出现的快捷菜单中选择【插入】命令，在下一级菜单中选择一种插入方式，也可以添加新行或新列。比如：单击【在下方插入行】，即可插入新的一行；单击【在右侧插入列】，即可插入新列。

3) 删除行、列、单元格或表格

选择需要删除的行或列，在【表格工具】/【布局】选项卡的【行和列】分组中单击【删除】按钮，在弹出的列表中选择相应的删除选项即可；

或者选择需要删除的行或列后，在快捷菜单中选择【删除行】或者【删除列】命令，也可以快速完成行、列的删除操作。

4. 合并或拆分单元格

1) 合并单元格

合并单元格是将两个或多个相邻单元格合并成一个单元格。

选中要合并的多个单元格，切换到【表格工具】/【布局】选项卡，在【合并】分组单击【合并单元格】按钮；或者在快捷菜单中选择【合并单元格】命令，均可将选中的单元格合并为一个大的单元格。

2) 拆分单元格

拆分单元格是将一个单元格拆分成多个单元格。

将光标定位到要拆分的单元格中，选择【表格工具】/【布局】选项卡，在【合并】分组单击【拆分单元格】按钮，或者在快捷菜单中选择【拆分单元格】命令，打开【拆分单元格】对话框，输入需要拆分的列数和行数，单击【确定】按钮，即可将选中的一个单元格拆分为多个单元格。

5. 制作斜线表头的方法：

(1) 将光标定位至需要插入斜线表头的单元格。

(2) 单击【插入】选项卡，在【插图】分组中单击【形状】按钮，在其下拉选项卡的【线条】分组中单击按钮。

(3) 鼠标变成十字形状，在单元格内绘制斜线。

(4) 绘制斜线完毕之后，在【绘图工具】/【格式】选项卡的【形状样式】分组中选择线条的颜色。

二、表格格式设置

表格创建后，除了要在单元格中输入文字并设置文字格式外，通常还需要进行表格的大小、对齐方式、边框和底纹等方面的设置，以使表格看起来更加的清晰和美观。

1. 设置行高和列宽

表格的大小主要是由行高和列宽来调整。Word 提供了多种设置行高和列宽的方法。

1) 鼠标拖动法

将光标移到表格区的横线上，当光标变成上下箭头形状时，按住鼠标左键上下拖动，可调整行高。将光标移到表格区的竖线上，当光标变成左右箭头形状时，按住鼠标左键左右拖动，可调整列宽。鼠标拖动法直观、快捷，但不能精确设置行高和列宽的数值。

2) 精确设置行高和列宽

如果需要精确设置行高和列宽，操作方法为：选定要设置尺寸的行或列，选择【表格工具布局】选项卡，在【单元格大小】组的【高度】和【宽度】框中输入数值，即可精确设置行高和列宽。设置表格第一行行高为 1 厘米。

3) 平均分布行和列

若各行或各列尺寸不一，要使尺寸相同，可以使用平均分布各行或各列设置。方法为：选定要平均分布的行或列，选择【表格工具/布局】选项卡，单击【单元格大小】组的【分布行】或【分布列】命令，即可在所选行或列之间平均分布高度和宽度。

4) 自动调整表格

选中整个表格，在【单元格大小】组单击【自动调整】按钮，在下拉列表中选择自动调整选项；也可以通过快捷菜单中的【自动调整】命令来完成。【根据内容调整表格】一项是根据单元格的填充内容自动调整列宽，比如：增加单元格的填充内容，列宽自动变大，当删除单元格的填充内容时，列宽又自动变小。【根据窗口调整表格】一项是根据当前页面的宽度调整表格的列宽，列宽是固定的。

2. 设置对齐方式

表格有关的对齐方式分为表格对齐方式和单元格对齐方式。

1) 表格对齐方式

表格对齐方式是指表格在文档中的位置，有左对齐、居中和右对齐三种，设置时先选中整张表格，然后在【开始】选项卡的【段落】组进行设置。

2) 单元格对齐方式

单元格对齐方式是指文字在单元格内的位置。设置时，选中表格或者相应的单元格，切换到【表格工具布局】选项卡，在【对齐方式】组可以看到有 9 种对齐方式选项，单击需要的对齐方式，比如：水平对齐，可以看到文字在单元格内水平和垂直都居中的位置。

3. 设置表格边框和底纹

Word 默认的表格边框是黑色、细实线，无底纹。用户可以根据需要设置表格的边框和底纹，以美化表格，突出显示效果。

1) 应用表格样式

Word 2016 提供了丰富的内置表格样式，套用这些样式可以快速美化表格的外观效果。

将光标定位在表格的任意单元格中，选择【表格工具】/【设计】选项卡，单击【表格样式】组的下拉按钮，在弹出的样式列表中选择一种，比如：网格型 8，单击后该样式即可应用于所选表格。

2) 设置表格边框

选中表格，在【设计】选项卡的【边框】组设置边框的线条样式、粗细、颜色以及应用范围，比如：设置 1.5 磅、标准色红色的双外框线，表格首行下框线也为双线。再设置 1 磅、黑色、单实线线条的内框线。局部边框的设置可使用【边框刷】完成，如图 3-2-3 所示。

图3-2-3　边框功能组

3) 设置表格底纹

选择要设置底纹的单元格，比如：表头一行，在【表格样式】组单击【底纹】下拉按钮，弹出颜色下拉列表，在列表中选择一种合适的颜色，比如："主题颜色：浅灰色，背景色 2"。

三、表格数据计算

1. 单元格引用

在进行表格数据计算时，需要引用单元格，单元格是通过单元格名称被引用的。Word 表格中单元格名称是用字母表示的列标和数字表示的行号来标识，列标在前行号在后。

1）计算每一类别金额

将光标定位到存放结果的单元格中，切换到【表格工具布局】选项卡，在【数据】组单击【公式】按钮，打开【公式】对话框，此时公式文本框中默认为"=SUM(LEFT)"，意思是当前单元格的值等于左边所有单元格的数据之和。如果选择下面的粘贴函数：PRODUCT，则其意思是计算左侧数据的乘积，如图3-2-4所示，单击【确定】按钮，完成每一类别金额的计算。

图3-2-4 【公式】对话框中的函数

2）快速计算其他类别金额

将光标下移一个单元格，按F4功能键重复刚才的操作，可快速计算出第二个类别的金额，使用同样的方法，依次完成其余的计算。

更新计算结果：当表格的原始数据修改后，计算结果可随之更新。方法为：右击要更新的数值，在菜单中选择【更新域】命令即可更新计算结果。

任务实练

1. 制作活动经费表格

(1) 在D盘上创建一个以自己姓名命名的Word文档。

(2) 输入标题：9月团建活动预算表，字体：隶书，字号：小一号字。

(3) 插入一个7行5列的表格。第一行行高为1厘米。并输入表格相应文字和数字。

(4) 设置最后一行2到4列为合并单元格。

(5) 利用公式计算金额。

(6) 美化表格：设置外框线粗细为1.5磅、标准色红色、双线；表格首行下框线为双线；内框线粗细为1磅、黑色、单实线。第一行添加底纹：主题颜色：浅灰色，背景色2。

2. 制作差旅费报销单

(1) 打开一个空白Word文档，纸张方向为横向。

(2) 输入标题：出差费报销单。字体：黑体；字号：小二。加双下画线。输入"填报日期：

年 月 日；附单据 张"；给文字加宽，间距 15 磅。

(3) 创建一个 12 行 14 列的表格，按照最终效果图合并单元格。

(4) 美化表格：外边框单线 1.5 磅，内边框为细线 0.5 磅。

(5) 输入文字之后，设置文字为居中对齐。

差旅费报销单的最终效果图如图 3-2-5 所示。

出差费报销单

填报日期： 年 月 日									附单据 张				背面附原始凭证，且粘贴整齐
工作部门						出差事由							
出差人			职务										
出发			到达			交通工具	车船机费	目的地发生费用					
月	日	时	地点	月	日	时	地点			天数	住宿费	室内交通费	伙食补助
小计													
报销金额（大写）：		万	仟	佰	拾	元	角		小写：		￥		

图3-2-5 出差费报销单效果图

任务总结

本任务主要涉及的知识点有表格的创建和编辑、表格格式设置、表格数据计算。掌握创建表格的方法，学会选择表格中的行、列、单元格，能够合并、拆分单元格。熟练调整表格，包括修改行高和列宽、插入行或列、删除行或列。

任务三　新员工培训文档排版

对于长文档来说，除了使用常规的页面内容排版和美化操作外，还需要注重文档的结构以及排版方式。长文档经过排版之后，可以清楚地了解文档的大纲，相同的排版内容使用统一样式，这样能减少工作量和出错机会。

任务情境

为适应金融业务发展的需要，更好应对市场经济的挑战，提高员工的综合素质，打造一支高素质、专业化的员工队伍，提升核心竞争力。沈明根据分行有关实施意见，结合本支行的实际情况，按照领导指示制定新入职员工培训计划并对进行排版。

任务展示

新员工培训文档排版效果如图 3-3-1 所示。

目录

新入职员工培训

图3-3-1　新员工培训文档排版

任务实施

一、插入页眉、页脚、页码和分节符

在 Word 文档的页眉上添加文字可以让读者了解阅读内容的文章名称或章节名，添加页脚可以让读者了解所在的页码，也方便读者通过目录查询内容。

1. 插入页眉、页脚、页码

在【插入】选项卡中，单击【页眉和页脚】功能组的【页眉】和【页脚】按钮，将出现内置页眉和页脚的下拉列表，可以从中选择一种页眉和页脚的样式，也可以直接选择【编辑页眉】和【编辑页脚】命令，在页眉和页脚编辑区输入内容。在页眉中输入"新员工入职培训"，在【页眉和页脚】功能组中，单击【页码】按钮，可以在文档中插入页码。如图 3-3-2 所示。

图3-3-2　页眉和页脚功能组

双击页眉或页脚，选中页眉或页脚，出现【页眉和页脚工具】，在【设计】选项卡可以做如下设置，如图 3-3-3 所示。

(1) 在【页眉页脚】分组中，可以对页眉、页脚、页码进行设置。

(2) 在【插入】分组中，可以在页眉、页脚中添加日期和时间、文档部件图片和剪贴画。

(3) 在【文档部件】中选择使用域，在文档中可插入域。域可以提供自动更新的信息，如时间、标题、页码等。文档部件库是可以创建、存储和查找可重复使用的内容片段的库，内容片段包括自动图文集、文档属性(如标题和作者)和域。

(4) 在【导航】组中，可以实现页脚和页眉之间的切换，上一节和下一节之间。

图3-3-3 【页眉和页脚工具】/【设计】选项卡

2. 删除页眉、页脚

选中要删除的页眉或页脚，在【插入】选项卡/【页眉和页脚】功能组中或者(【页眉和页脚工具】→【页眉和页脚】分组)，单击【页眉】或【页脚】按钮，在下拉列表中选择【删除页眉】或【删除页脚】。

3. 设置首页不同、奇偶数页眉页脚

1) 设置首页不同

打开文档，将光标放置在首页(封面)，单击【插入】选项卡/【页眉和页脚】功能组中【页眉】或【页脚】按钮，选择【编辑页眉】或【编辑页脚】命令。

在打开的【页眉和页脚工具】选项卡中，在【设计】选项卡的【选项】组中选中【首页不同】复选框即可。这样首页不显示页眉，其他页面仍然显示。如图 3-3-4 所示。

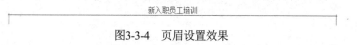

图3-3-4 页眉设置效果

2) 设置奇偶数页眉页脚

先设置奇偶页不同，然后再分别设置奇偶页的页眉页脚。

方法 1：打开文档，单击【插入】选项卡/【页眉和页脚】组中【页眉】或【页脚】按钮，选择【编辑页眉】或【编辑页脚】命令。在打开的【页眉和页脚工具】选项卡中，在【设计】选项卡的【选项】组中选中【奇偶页不同】复选框即可。

方法 2：打开文档，单击【布局】选项卡，打开【页面设置】对话框，切换到【布局】选项卡，选中【奇偶页不同】复选框。

4. 分页和分节

1) 插入分页符

一般情况下，Word 会根据一页中能容纳的行数对文档进行自动分页。但有时一页没写满，就希望从下一页重新开始，这时就需要人工插入分页符进行强制分页。如图 3-3-5 所示。

图3-3-5 页面功能组

将光标定位在需要分页的位置，切换到【插入】选项卡，在【页面】分组中单击【分页】按钮，将在当前位置插入一个分页符，后面的文档内容会另起一页。如果单击【空白页】按钮，将在光标处插入一个新的空白页。

在草稿中，自动分页符显示为一条横穿页面的单虚线，而人工分页符显示为标有【分页符】字样的单虚线。

如果要删除人工分页符，可以按 Delete 键或 Backspace 键。

分页符不能实现对不同的页面，页眉、页脚、页码的设置。

2) 插入分节符

节是 Word 用来划分文档的一种方式，能实现在同一文档中设置不同的页面格式的功能。插入分节符的操作方法如下：将光标定位在需要分节的位置，切换到【布局】选项卡，在【页面设置】功能组中单击【分隔符】下拉按钮，如图 3-3-6 所示，在弹出的下拉列表中选择需要的分节方式：

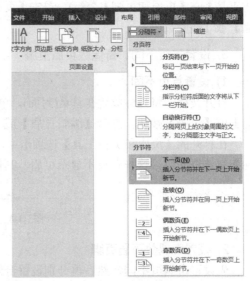

图3-3-6　分节符按钮

- 下一页：分节符后的文档从下一页开始显示，即分节同时分页。
- 连续：分节符后的文档与分节符前的文档在同一页显示，即分节不分页。
- 偶数页：分节符后的文档从下一个偶数页开始显示。
- 奇数页：分节符后的文档从下一个奇数页开始显示。
- 删除分节符，切换到大纲视图，将鼠标定位在分节符(下一页)，按Delete键删除即可。

5. 设置文档不同部分的页眉页脚

一般来说，Word 在整篇文档中，都会使用相同的页眉或页脚(设置了首页不同、奇偶页不同除外)。如果用户要为文档的不同部分创建不同的页眉或页脚，就需要对文档进行分节，然后断开当前节和前一节中页眉或页脚间的连接，再编辑不同的页眉页脚。那么如何设置封面没有页码，从第二页开始并且起始页码为 1 呢？

因为 Word 中的分节符可以改变文档中的一个或多个页面的版式和格式，使用分节符可以分隔文档中的各章，使章的页码编号单独从 1 开始。还能为文档的章节创建不同的页眉和页脚。

第一步：将光标移到第 2 页开始的位置，切换到【布局】选项卡，在【页面设置】组中单击【分隔符】按钮，在下拉列表中单击【分节符】/【下一页】选项。将文档分为两节。

第二步：在第二节页脚区域双击，在页眉和页脚工具【设计】选项卡下，单击【页眉页脚】组中的【页码】按钮，从下拉列表中选择【页面底端】【普通数字 2 页码】样式，在页脚处插入页码1。切换到第一节页脚处，删除封面页码内容。关闭页眉页脚按钮。

6. 去掉页眉横线

页眉的横线是很多人心里的一个疙瘩，无论怎么删，它还是在那里。

方法 1：可以通过 Ctrl+Shift+N(清除所有格式)去除它。

方法 2：选中页眉中的文字，单击【开始】选项卡/【字体】功能组/【清除所有格式】按钮。

方法 3：选中页眉中的文字，单击【开始】选项/【段落】功能组/【边框】下拉按钮，在下拉列表中选择【无框线】命令。

二、创建和更新目录

1. 利用内置快速样式自动创建目录

如果文档已经使用了大纲级别或者内置标题样式，可以通过以下方法创建目录。

(1) 单击要插入目录的位置。

(2) 单击【引用】选项卡/【目录】功能组/【目录】下拉按钮，在下拉列表中选择【自定义目录】命令，会出现【目录】对话框。

(3) 在【目录】对话框中，设置制表符前导符、格式、显示级别后，单击【确定】按钮。

2. 利用自定义样式创建目录

如果文档中章节标题应用了自定义的标题样式，则可以通过指定自定义目录样式的目录级别来生成目录，具体如下：

1) 为各级标题和正文定制样式，然后使用样式对相关内容进行格式设置

设置文档中的一级标题格式，设置"培训对象"一级标题为"字体：黑体，三号，加粗。段落：段前为 1 行，段后 1 行，1.5 倍行距"。

在设置一级标题以及后面的二级标题时，需要选中相应的标题，单击【开始】选项卡的【样式】功能组中相应的标题级别，然后对各级标题的格式进行设置，否则在插入目录时无法生成目录，如图 3-3-7 所示。

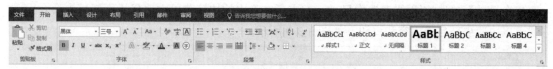

图3-3-7 样式功能组

设置二级标题格式为"字体：黑体、四号。段落：左对齐，段前为 0.5 行，段后 0.5 行，1.5 倍行距。"

设置正文格式为"中文字体为宋体，西文字体为 Times New Roman，字号为小四号，首行缩进 2 字符；除已说明的行距外，其他正文均采用 1.25 倍行距"。

2) 格式刷的使用

格式刷设置文档格式时，如果文档中有多处需要设置相同的格式，不必多次重复进行操作，可以使用 Word 提供的格式刷功能来快速复制格式。

操作方法：选中要复制格式的文本，在【开始】选项卡的【剪贴板】组中单击【格式刷】按钮，以获取选中文字的格式，当光标变成刷子形状时，按住左键拖选要应用格式的文本，然后释放鼠标左键，完成格式复制。

若要复制格式到多处文本，则可以双击【格式刷】按钮，复制完成后，再单击【格式刷】按钮结束格式复制操作。

3) 生成目录

单击要插入目录的位置。选择【引用】选项卡/【目录】功能组/【目录】下拉按钮，在下

拉列表中单击【自定义目录】。弹出【目录】对话框中单击【目录】选项卡。单击【选项】按钮，弹出【目录选项】。在【有效样式】下查找应用在文档标题中的样式。在样式名右边的【目录级别】下输入代表标题样式级别的 1 到 9 的数字。单击【确定】按钮。如图 3-3-8 所示。

图3-3-8　目录对话框

3．更新目录

可以在【引用】选项卡的【目录】组单击【更新目录】按钮，在弹出的对话框中选中【更新整个目录】单选按钮(或者选中目录，右击后在弹出的快捷菜单中选择【更新域】命令)，这就可以快速更新目录内容和页码。如图 3-3-9 所示。

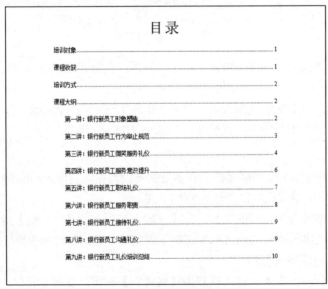

图3-3-9　目录生成

三、超链接

超链接是将文档中的文字或图片与其他位置的相关信息链接起来。当单击建立超链接的文字或图片时，就可以跳转到相关信息的位置。超链接可以跳转到其他文档或网页上，也可以跳转到本文档的某个位置。使用超链接能使文档包含更广泛的信息，可读性更强。

1. 插入超链接的方法

(1) 选中要设置超链接的文本"兴业银行"或图片。

(2) 切换到【插入】选项卡，在【链接】组中单击【链接】按钮，打开【插入超链接】对话框。

(3) 在【插入超链接】对话框中可设置链接到【现有文件或网页】，如图 3-3-10 所示，在网址中输入 https://www.cib.com.cn/cn/index.html，也可以链接到【本文档中的位置】。应该注意的是，如果链接到【本文档中的位置】，需要先将本文档使用书签或标题样式标记超链接的位置，再进行超链接，需要选择相应的标签或标题样式进行定位。

(4) 单击【确定】按钮完成超链接设置，超链接由蓝色的带有下画线的文本显示。将光标移到超链接上时，指针会变成手形，同时显示超链接的目标文档或文件。

四、首字下沉

1. 设置首字下沉

(1) 选择第三段段落，单击【插入】选项卡，在【文本】分组中单击【首字下沉】按钮。

(2) 在打开的【首字下沉】下拉选项卡中选择下沉样式，或者单击【首字下沉】按钮，打开【首字下沉】对话框。在【首字下沉】对话框的【下沉行数】文本框中可以输入具体的下沉行数：3 行，以及距正文的距离：0.1 厘米。如图 3-3-11 所示。

图3-3-10　编辑超链接对话框

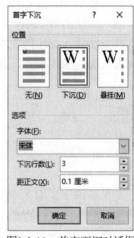

图3-3-11　首字下沉对话框

五、题注、脚注和尾注

1. 插入题注

题注是一种可以添加到图表、表格、公式等其他对象中的编号标签。

(1) 选中添加题注的第一个对象，素材中的第 5 页中的第一张图片，切换到【引用】选项卡，在【题注】功能组中单击【插入题注】按钮，打开【题注】对话框，标签选择"图表"，如图 3-3-12 所示。

(2) 在【题注】对话框中单击【新建标签】按钮，打开【新建标签】对话框，如图 3-3-13 所示，在【标签】文本框中输入对象的标签。例如，输入"图1-1"，单击【确定】按钮返回【题注】对话框，系统就会自动添加序号，如图 3-3-14 所示。

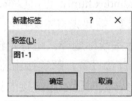

图3-3-12　题注对话框　　　　图3-3-13　新建标签对话框　　　　图3-3-14　自动添加序号

(3) 单击【确定】按钮，完成对所选对象添加题注的操作，题注在对象的下方，显示"图 1-1-1"。

(4) 依次选择同类型的对象，分别单击【插入题注】按钮，添加题注，显示"图 1-1-2"。

2. 插入脚注和尾注

脚注和尾注用于对文档中的文本提供解释、批注及相关的参考资料。通常用脚注对文档内容进行注释说明，显示在文档每页的末尾，而用尾注说明引用的文献，显示在文档的末尾。

插入脚注的方法如下：

选中要插入脚注的文本。切换到【引用】选项卡，在【脚注】组中单击【插入脚注】按钮即可进入脚注编辑状态，此时可输入脚注内容。在选择的文本处会出现脚注标记，如图 3-3-15 所示。

在此处编辑脚注内容

图3-3-15　插入脚注

如果文档中多处文本需要插入脚注，Word 会自动对脚注进行编号。在添加、删除或移动自动编号的脚注时，Word 将对脚注引用的标记进行重新编号。输入完成后，单击脚注编辑区以外的文档区，便可以退出脚注编辑状态。

3. 插入尾注

(1) 选中要插入尾注的文本。

(2) 切换到【引用】选项卡，在【脚注】组中单击【插入尾注】按钮即可进入尾注编辑状态，此时可输入尾注内容。在选择的文本处会出现尾注标记。

(3) 单击【脚注】组的组按钮，打开【脚注和尾注】对话框。在该对话框中，可以修改尾注编号的格式，在【编号】下拉列表框中还可以设置【每节重新编号】。

(4) 如果文档中多处文本需要插入尾注，Word 会自动对尾注进行编号。在添加、删除或移动自动编号的尾注时，Word 将对尾注引用的标记进行重新编号。

(5) 输入完成后，单击尾注编辑区以外的文档区，便可退出尾注编辑状态。

六、Word 2016文档视图

Word 2016 提供了多种视图模式以供选择，其中包括页面视图、阅读视图、Web 版式视图、大纲视图和草稿视图这五种视图模式。用户可以在【视图】选项卡中自由切换文档视图，也可以在 Word 2016 窗口的右下方单击视图按钮切换视图。

页面视图可以用来显示 Word2016 文档的打印结果外观，包括页眉、页脚、图形对象、分栏设置、页面边距等元素，是最接近打印结果的页面视图。

阅读版式视图用以图书的分栏样式显示 Word 2016 文档，【文件】按钮、功能区等窗口元素被隐藏起来。在阅读视图中，用户还可以单击【工具】按钮选择各种阅读工具。

Web 版式视图是以网页的形式显示 Word 2016 文档，Web 版式视图适用于发送电子邮件和创建网页。

大纲视图用于设置 Word 2016 文档的设置和显示标题的层级结构，并可以方便地折叠和展开各种层级的文档。大纲视图广泛用于 Word 2016 长文档的快速浏览和设置中。

草稿视图取消了页面边距、分栏、页眉页脚和图片等元素，仅显示标题和正文，是最节省计算机系统硬件资源的视图方式。当然现在计算机系统的硬件配置都比较高，基本上不存在由于硬件配置偏低而使 Word 2016 运行遇到障碍的问题。

任务实练

(1) 打开素材"任务 3"。

(2) 设置页眉："新员工入职培训"，首页不显示。

(3) 插入页码：首页不显示，从第 2 页正文开始设置页码"1"。使用分节符进行操作，分节符可以在"大纲视图"下显示。

(4) 设置超链接。为正文中第一行"兴业银行"插入超链接，链接网页地址：https://www.cib.com.cn/cn/index.html。

(5) 设置首字下沉：选择第三段，设置下沉行数：3 行，以及距正文的距离：0.1 厘米。

(6) 插入题注。为素材中的图片加入题注。

(7) 生成目录。设置"培训对象"：一级标题，宋体，小二号，加粗。其他同一级别通过格式刷来完成。设置"第一讲：银行新员工形象塑造"：二级标题，隶书，三号字。其他同一级别通过格式刷来完成。在封面页插入一个空白页，生成目录。生成目录之后，选中目录，右键快捷菜单设置字体：中文字体，宋体。西文字体，Times New Roman。段落：2 倍行距。目录标题设置宋体，一号字，字符间距加宽 2 磅。

任务总结

本任务主要涉及的知识点有页眉、页脚、页码的插入，分节和分节，目录的创建和更新，超链接，首字下沉，题注、脚注和尾注，Word 2016 文档视图方式。学会自动生成目录，能够按照要求进行分页和分节，以及添加脚注和题注。

任务四　使用WPS文字制作理财宣传单

WPS Office 是由我国金山软件公司开发的一款办公软件，WPS 文字是其中的一个组件，也是我们日常用的办公软件之一。

任务情境

在工作中我们经常也会用到 WPS。沈明为了提高自己工作技能，需要学习使用 WPS 文字制作理财宣传单。

任务展示

本任务理财宣传单效果如图 3-4-1 所示。

图3-4-1　理财宣传单效果图

任务实施

一、WPS文字的功能和特色

1. 办公，由此开始

WPS 2019 新增了首页，从中可以方便地找到常用的办公软件和服务。打开资源管理器，直接在 WPS 首页里打开就行。

2. 一个帐号，随心访问

登录 WPS 账号，可以随时随地在任何设备中恢复办公环境，获取云文档中的数据、访问常用的模板或是查看 WPS 便签里的笔记。

3. 合而为一，消除组件隔阂

所有文档都可以放在一个窗口，不必先寻找对应组件，再切换文档标签。

4. 强化标签管理，支持多窗口

如果文档太多，只需拖放标签，按任务放在不同窗口中。如果需要比较文档，拖出来即可左右对照。

5. 全面支持PDF

WPS 从 2019 版本开始，将提供完整的 PDF 文档支持，使得文档的阅读、格式转换和批注可以更快更轻便。

6. 管理文档更方便

金山 WPS Office 移动版完美支持多种文档格式，如.doc，.docx，.wps，.xls，.xlsx，.ppt，.dps，.pptx 和 txt 文档的查看及编辑。内置文件管理器可自动整理办公文档，使文档管理更轻松。

二、WPS文字界面

1. 界面

1) 标题栏

单击加号新建一个文档，选择【文件】/【新建空白文档】，就新建了一个文字文稿。在标题区域可以快速切换打开的文档。如图 3-4-2 所示。在标题的右侧是工作区和登录入口。

工作区可以查看已经打开的所有文档，每一个新窗口是一个新的工作区。登录功能可以将文档保存到云端，支持多种登录方式。

2) 菜单栏

在菜单栏的左侧，小图标是"快速访问栏"。在快速访问栏里，可以快速地编辑文本。在菜单栏内单击不同的选项卡，会显示不同的操作工具。

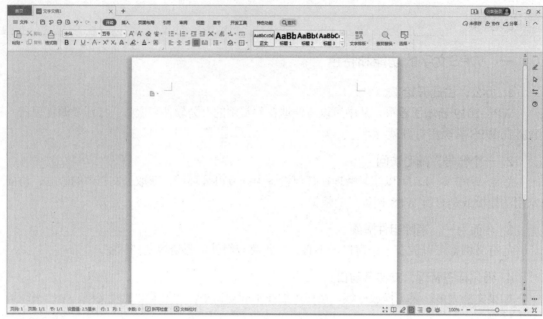

图3-4-2　文字文稿1界面

3) 编辑区

编辑文字文稿的内容。

4) 状态栏

在状态栏里可以看到字数和页数，单击字数可以查看详细的字数统计。"拼写检查"可在此快速切换开关。文档认证是 WPS 的特色功能，认证后会对文档进行保护，有效地预防他人窜改，可按时间追溯出原作者，此处可以显示文档是否进行了认证。

5) 视图切换

默认是"页面视图"，在此可以快速切换"全屏显示""阅读版式""写作模式""大纲""Web版式""护眼模式"。还可调整"页面缩放比例"，拖动滚动条可快速调整，最右侧的是"最佳显示比例"按钮。

三、背景的设置

为背景设置渐变、图案、图片和纹理时，可进行平铺或重复以填充页面。

设置图片背景的方法

(1) 在 WPS 主界面上单击【页面布局】选项卡下面的【背景】，如图 3-4-3 所示；

(2) 在【背景】菜单下单击【图片背景】，单击【打开】；

(3) 在对话框中选择图片；

(4) 在电脑上根据路径选择要作为背景的图片。

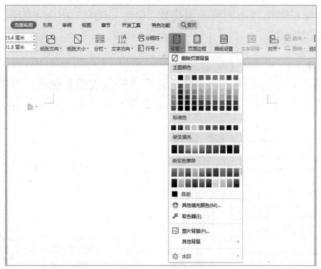

图3-4-3 背景菜单

四、形状的插入

单击菜单【插入】，在【插入】选项卡下单击【形状】，弹出菜单后，单击"星与旗帜"中的"上凸带形"，之后在文档中单击，就可以添加到文档中，如图3-4-4所示。

形状填充颜色：主题颜色：橙色，个性色2，深色25%；形状轮廓颜色：标准色橙色；输入文字："智盈宝"个人结构性存款，宋体，三号字，加粗，字体颜色：主题颜色白色，背景1。

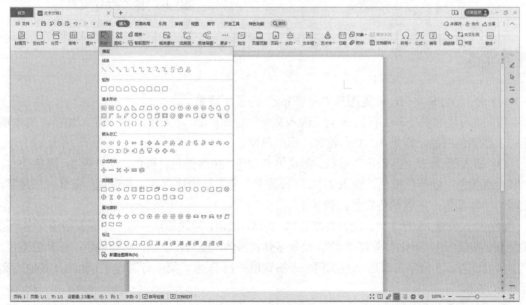

图3-4-4 形状菜单

五、表格的插入

1. 鼠标拖拽选择表格

打开文本文档，单击【插入】选项卡，选中【表格】，出现如图3-4-5所示的多个小格的菜单选项，需要按住鼠标左键拖拽所需要的表格数，单击后确认。所选中的表格格数便设置完成，并插入到正在编辑的文档中。

2. 手动设置表格

按照以上步骤插入表格选项中，在小格下方有【插入表格】选项，单击就会弹出对话框，在对话框中填好需要的行数和列数，单击【确定】即可插入所需要的表格。如图3-4-6所示。

图3-4-5　鼠标拖拽表格

图3-4-6　插入表格对话框

任务实练

(1) 打开 WPS 文档，设置图片"背景.jpg"为页面背景。

(2) 插入艺术字，第 2 行第 3 列，输入文字"存款产品"，宋体，48 号字，加粗，文本填充：主题颜色白色，背景 1；文本轮廓：标准色橙色。

(3) 插入形状，"上凸带形"形状。形状填充颜色：主题颜色：橙色，个性色 2，深色 25%。形状轮廓颜色：标准色橙色。输入文字："智盈宝"个人结构性存款，并设置：宋体，三号字，加粗，字体颜色：主题颜色白色，背景 1。

(4) 插入表格：5 行 3 列。设置表格边框：0.75，黑色，双边框线；第一行输入相应文字"起购金额、期限(天)、年化参考收益率"，设置字体：宋体，三号，加粗；字体颜色：标准色蓝色。第 2~4 行文字，5 号字，最后一列加粗。表格宽度：15 厘米。第一行高度 1.1 厘米，其他行高度 0.55 厘米。

(5) 输入相应文字："每周三 00:00 至下周二 15:45 前均可购买、购买渠道、兴业银行柜面、网银、手机银行、智能柜台，手机银行请至"存款产品"内购买。"宋体、5 号字，段落居中。其中"购买渠道"为艺术字，第 2 行第 4 列。形状轮廓填充：标准色蓝色。

(6) 插入形状，"圆角矩形"，设置形状大小：高度 11 厘米，宽度 15.5 厘米，取消"锁定纵横比"。形状填充：无填充颜色。形状轮廓：标准色蓝色。

(7) 在矩形上边界插入"上凸带形"形状，输入文字"个人大额存单"，宋体，二号字。形状填充颜色：主题颜色：橙色，个性色 2，深色 25%。形状轮廓颜色：标准色橙色。

(8) 在矩形形状里面继续插入表格：10 行 4 列。第一行 2~4 列：合并单元格。表格指定宽度：15 厘米。表格第 1 行和第 2 行高度 1.1 厘米，其他高度 0.55 厘米。表格内容对照效果图输入。

任务总结

本任务主要涉及的知识点有页面背景，形状的插入及设置、表格的设置，以及艺术字的插入。通过本次课的学习能够掌握 WPS 文字，达到图文混排的效果。

项 目 习 题

一、选择题

1. 在 Word 2016 编辑状态下，页眉和页脚的建立方法相似，都要使用【页眉】或【页脚】命令进行设置，但均应首先打开_____选项卡。

    A. 插入   B. 视图

    C. 文件   D. 开始

2. 在 Word 2016 的【页面设置】中，默认的纸张大小规格是_____。

    A. 16K   B. A4

    C. A3   D. B5

3. 要在 Word 2016 文档中创建表格，应使用的选项卡是_____。

    A. 开始   B. 插入

    C. 页面布局   D. 视图

4. 在 Word 2016 的【字体】对话框中，不可设定文字的_____。

    A. 删除线   B. 行距

    C. 字号   D. 字符间距

5. 在 Word 2016 中，【段落】格式设置中不包括设置_____。

    A. 首行缩进   B. 对齐方式

    C. 段间距   D. 字符间距

二、操作题

1. 打开文档"金融.docx"，按以下要求设置文档格式。

(1) 页面设置

纸张大小：B5(JIS)。

页边距：上、下、左、右边距为 2 厘米；装订线为上边 1 厘米；
页眉和页脚距边界分别为 1.5 厘米。

(2) 设置艺术字

将标题"金融"设置为艺术字。

样式：第 1 行第 5 列，文字环绕方式：紧密型环绕。

字体：楷体。

文本效果：转换，正三角。

(3) 分栏

为正文第 1 段设置分栏。

栏数：两栏，加分隔线。

(4) 首字下沉

为第 1 段设置首字下沉：楷体、下沉 3 行、距正文 0.1 厘米。

(5) 边框和底纹

为正文第四段设置边框和底纹。

边框：宽度为 0.5 磅，应用于段落。

底纹：填充颜色为标准色橙色；图案样式为 5%；应用于段落。

(6) 项目符号和编号

为正文中"金融构成的 5 点要素"添加项目符号➜。

(7) 图片

将插入点定位到最后一段中，插入图片为"素材"文件夹中的"钱币"，并设置图片格式：
缩放：60%。

文字环绕方式：中间居右，四周型文字环绕。

(8) 文本框

在正文中插入一个横排文本框，输入文字"金融知识"，五号字、倾斜。

填充颜色：标准色橙色。

形状轮廓：无轮廓。

调整文本框的位置：把文本框放在图片内的左下角。

(9) 页眉和页脚

页眉：内置空白，输入文字"金融知识简介"，字体为隶书、四号。

页脚：在页脚处插入页码，页面底端，普通数字 2："1"。

效果如下图所示。

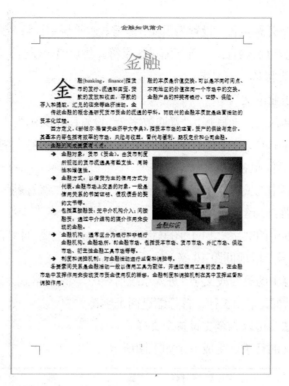

2. 毕业论文目录生成。

(1) 设计封面。启动 Word 2016 应用程序，将默认的文档 1 保存为"毕业开题报告.doc"。输入封面内容，如下图所示。

将标题"毕业论文开题报告"设置为黑体、一号、水平居中。将"论文题目"设置为黑体、小二、段前间距13磅、1.5倍行距、首行缩进5字符。将班级、学号、姓名、联系方式、指导教师、提交日期设置为黑体、三号字。

(2) 输入页眉"毕业论文"。

(3) 插入页码,插入到页面底端,"普通数字2"设置起始页码为"1"。

(4) 选中论文内容中的文字"第一章 绪论",设置为"一级标题"。格式设置为黑体、三号、加粗、居中、段前段后间距各10磅。

(5) 选中论文内容中的文字"2.1 任务概述",设置为"二级标题"。格式设置为黑体、四号、左对齐、段前间距13磅、段后间距5磅。

(6) 选中论文内容中的文字"2.1.1 图书管理系统完成的主要目标",设置为"三级标题"。格式设置为宋体、四号、段前间距10磅、段后间距6磅。

(7) 选中论文内容中的第四段文字"进入系统前……",设置格式为宋体、小四、两端对齐、1.5倍行距、段前段后间距各0.5行、首行缩进两个字符。

(8) 使用上述方法,可以为全文设置全文样式。

(9) 制作毕业论文的目录,生成目录如下图所示。

3. 制作个人简历

(1) 新建空白文档,输入个人简历,并设置字体为楷体、四号字、加双下划线。

(2) 将光标定位到文档中要插入表格的位置,插入一个16行3列的表格。

(3) 设置固定行高为0.8厘米,选中第3列的前6行,合并单元格。把第7～16行的各列合并。选中第 15 行的单元格，将它拆分为两列。并输入表格中文字。

(4) 设置第 7 单元格的边框线为双线，填充底纹：主题颜色，灰色-25%，背景 2。最终效果图如下图所示。

个 人 简 历

姓　名：	学　校：	照 片
性　别：	专　业：	
出生年月：	学　历：	
政治面貌：	培养方式：	
民　族：	外语水平：	
健康状况：	计算机水平：	
求职意向：		
联系电话：		
E—Mail：		
通讯地址：		
掌握的专业技能、特长或爱好：		
所修主干课程：		
在校任职及获奖情况：		
专业实习和社会实践情况：		

系（部）评语	学 院 意 见
年　月　日	年　月　日

学院联系地址：辽宁省沈阳市沈北新区虎石台建设南一路七号（110122）
学院网址：http://www.lnfvc.cn　　就业处电话：024-62299955

项目四

银行业绩管理

📖 **思考题**

1. Excel工作表与Word表格有什么差异？它们是否可以相互转换？在制作表格时，Excel的优势是什么？

2. Excel有哪些常用的函数？这些函数怎么使用？

3. Excel图表有哪些类型？在不同场合怎样选择合适的图表类型？

4. Excel中的数据管理和分析方法有哪些？

📖 **项目情境**

沈明晋升为营业部主任岗位，需要独自制作销售业绩表并对数据进行处理分析，以便为产品营销策略等提供支持。已经能够熟练使用Word软件的沈明感觉到，虽然Word可以制作表格，但表格的计算、数据管理等功能太有限，于是沈明决定使用Excel软件制作销售业绩表，并对业绩表进行管理。

📖 **能力目标**

1. 能够熟练进行Excel行列及单元格的增加、删除等操作

2. 能够熟练进行工作表和工作簿的基本操作

3. 能够运用表格拆分和冻结

4. 能够对表格数值、文本、日期等数据进行格式设置

5. 能够运用自动填充和自定义序列填充

6. 能够运用条件格式

7. 能够统计业绩数据的求和、平均值等

8. 能够正确运用求和、平均值、最大值、最小值、计数等常用函数

9. 能够引用不同工作表中的数据进行计算

10. 能够运用IF和COUNTIF函数

11. 能够为表格中的指定数据添加图表

12. 能够对图表进行编辑，掌握不同图表的应用背景

13. 能够对数据进行排序、筛选、分类汇总、行合并计算等操作，并掌握数据管理与分析

能力

知识目标

1. 掌握Excel单元格数据存储类型
2. 掌握工作表和工作簿的基本概念
3. 掌握表格的拆分和冻结方法
4. 掌握单元格格式设置(包括文本、数值、日期等)
5. 掌握条件格式的使用方法
6. 掌握表格制作常用方法
7. 掌握单元格的引用方法
8. 掌握公式和常用函数的使用方法
9. 能够运用不同工作表数据引用
10. 掌握IF和COUNTIF函数的用法
11. 掌握常用图表的应用范围
12. 掌握图表的添加方法和编辑方法
13. 掌握排序、筛选、分类汇总、合并计算的运用

素质目标

1. 培养有条理地存储、管理电子文档的习惯
2. 培养保护个人信息安全意识
3. 培养一定的审美意识
4. 培养认真严谨处理枯燥数据的能力

思政导入

国务院发布的《促进大数据发展行动纲要》中提出了"数据已成为国家基础性战略资源"的重要判断,数据对于提升国家竞争力具有重要价值。数据作为新型生产要素,促进了数字基础设施的发展与产业的迭代升级,使得数字经济成了我国经济高质量发展的新引擎。

Excel正是能够对数据进行处理的软件之一。现代社会数据量巨大,各个行业都在产生数据,数据量正持续地以前所未有的速度增加。如果能更好地掌握对数据的处理呈现,是适应现代化发展的必然需求,各行各业都需要这样的人才。

我们在对数据进行整理、计算和分析时,必须要有法制意识、社会责任、体现职业道德、践行执业谨慎、诚实守信,不能弄虚作假,不能损害员工利益,保守单位商业、经济秘密,保持良好的道德水准。

任务一 业绩表制作

使用 Excel 不仅可以制作各种精美的电子表格,还可以用来组织、计算和分析各种类型的数据,能够制作各种复杂的图表和财务统计表,是目前软件市场上使用最方便、功能最强大的电子表格制作软件之一。Excel 2016 可简化数字处理,可使用 Excel 的自动填充功能简化数据

输入；可基于数据方便获取图表，单击即可创建；还可通过数据栏、颜色编码和图表轻松发现趋势和模式。

任务情境

沈明接到一项工作任务，需要制作银行的业绩表，反映银行每名职工的业绩情况。由于业绩表中的数据需要进一步的计算和管理，因此沈明决定使用 Excel 制作。在制作业绩表的过程中，需要使用 Excel 的新建、保存、数据录入等操作。

任务展示

通过本任务学习，最终完成"员工销售业绩表"的制作，任务结果如图 4-1-1 所示。

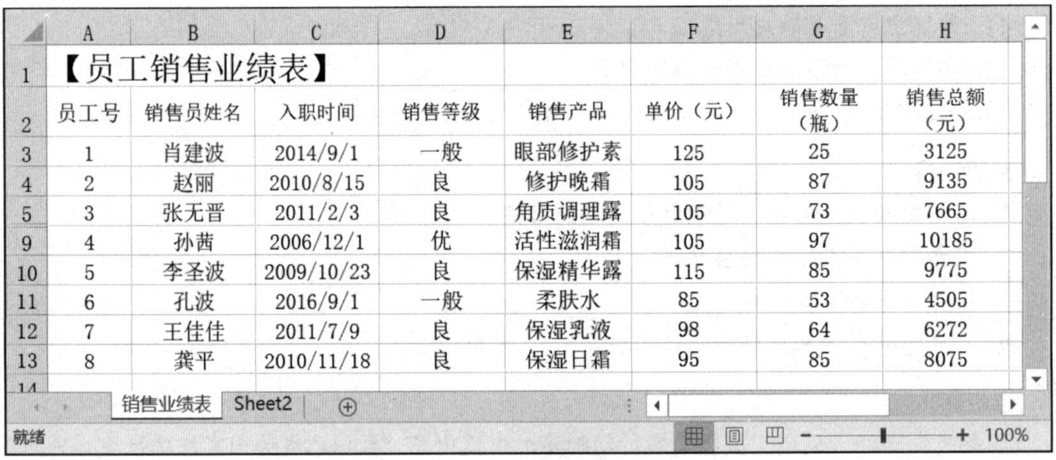

	A	B	C	D	E	F	G	H
1	【员工销售业绩表】							
2	员工号	销售员姓名	入职时间	销售等级	销售产品	单价（元）	销售数量（瓶）	销售总额（元）
3	1	肖建波	2014/9/1	一般	眼部修护素	125	25	3125
4	2	赵丽	2010/8/15	良	修护晚霜	105	87	9135
5	3	张无晋	2011/2/3	良	角质调理露	105	73	7665
9	4	孙茜	2006/12/1	优	活性滋润霜	105	97	10185
10	5	李圣波	2009/10/23	良	保湿精华露	115	85	9775
11	6	孔波	2016/9/1	一般	柔肤水	85	53	4505
12	7	王佳佳	2011/7/9	良	保湿乳液	98	64	6272
13	8	龚平	2010/11/18	良	保湿日霜	95	85	8075

销售业绩表　Sheet2 ⊕

就绪　　　　　　　　　　　　　　　　　　　　　　　　　⊞ ▣ ▣ － ━ ＋ 100%

图4-1-1 "员工销售业绩表"效果图

背景知识

Microsoft Excel 是微软公司的办公软件 Microsoft Office 的组件之一，是由 Microsoft 为 Windows 和 Apple Macintosh 操作系统的电脑而编写和运行的一款试算表软件。Excel 是微软办公套装软件的一个重要的组成部分，它可以进行各种数据的处理、统计分析和辅助决策操作，广泛地应用于管理、统计财经、金融等众多领域。

一、Excel的主要功能和特性

Excel 除了具备 Windows 环境软件的所有优点外，还有大量的公式函数可以应用，因此能够方便地执行计算、分析信息并管理电子表格或网页中的数据信息列表与数据资料图表制作，在制作表格、计算以及数据管理方面具有强大的功能。因此，在涉及会计专用、预算、账单和销售、报表、计划跟踪时，Excel 是不二之选。

二、运行环境最低配置

软件名称：Office Excel 2016。

开发商：微软公司。

软件平台：Windows、iOS、OSX、Android。

支持系统：Win7/Win8/Win10。

支持 iOS：iOS 10 及以上。

支持 Android：Android 4.4 及以上。

任务实施

一、认识Excel

1. Excel 2016的工作界面

常说的 Excel 文件，其实就是一个工作簿，用来放置工作表和数据。工作簿由标题栏、快速访问工具栏、功能区、名称框、编辑栏、工作区、状态栏组成，如图 4-1-2 所示。

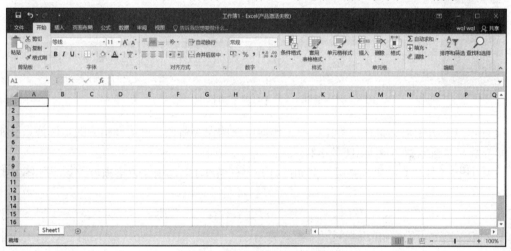

图4-1-2 Excel 2016的工作界面

2. 工作表

工作表是制作和编辑 Excel 文件的主要场所，它能容纳数据、图表、图形对象等。它在结构上包括三部分：编辑栏、编辑区和工作表标签。

3. 工作簿和工作表的关系

一个 Excel 文件就是一个工作簿，其扩展名为.xlsx。一个工作簿中包含多个工作表。我们可以把工作簿看成一本书，一个工作表就可以看成是书中的一页。Excel 2016 默认一个工作簿中有一张工作表，用 Sheet1 表示，用户可以利用插入工作表功能增加工作表的数量。

4. 单元格

单元格是工作簿中最小的单位，是放置数据的格子。用户可对它进行较多的操作，如选择、合并、删除和插入等。单元格的地址是由行号和列标构成的。例如："A1"表示第 1 行第 A

列单元格，它的地址是唯一的。工作表由若干个单独的单元格组成。当前正在操作的单元格被称为活动单元格，它的边框是加粗的矩形框。

5. 工作簿

1) 打开工作簿

(1) 单击【文件】选项卡，进入 Excel 的 BackStage 界面。

(2) 单击【打开】选项卡，单击【浏览】图标按钮，弹出【打开】对话框，如图 4-1-3 所示。

图4-1-3　【打开】对话框

(3) 在【打开】对话框里，首先选择工作簿所在的保存路径，再选择相应的工作簿。例如：桌面\计算机基础素材\项目四\任务 1-1。

(4) 单击【打开】按钮，完成。例如：打开"任务 1-1"，浏览表格内容，效果如图 4-1-4 所示。

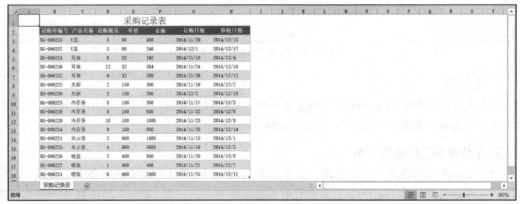

图4-1-4　任务1-1效果图

2) 用快捷键打开工作簿

可以使用【Ctrl+O】快捷键，打开现有工作簿，或者在【快速访问工具栏】中单击【打开】按钮。

二、制作简单表格

1. 创建空白工作簿

在制作表格前，需要创建一个工作簿来"放置"数据，然后才能对这些数据继续进行编辑。

1) 新建工作簿

单击【文件】选项卡，进入 Excel 的 BackStage 界面，如图 4-1-5 所示。单击【新建】选项卡，单击【空白工作簿】图标按钮，新建空白工作簿。

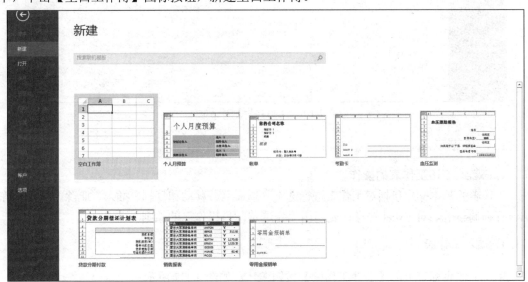

图4-1-5 Excel的BackStage界面

2) 用快捷键新建工作簿

用户可以使用【Ctrl+N】快捷键，直接创建新的空白工作簿，或者在【快速访问工具栏】中单击【新建】按钮。

2. 保存工作簿

1) 保存当前工作簿

进入 BackStage 界面，单击【保存】命令，双击【浏览】图标，打开【另存为】对话框，如图 4-1-6 所示。选择文件的保存位置，在【文件名】文本框中输入工作簿名称，最后单击【保存】按钮。例如：将新建的工作簿保存，保存位置为"D 盘"、文件名为"任务 1-2"。

2) 用快捷键保存

用户可以使用【Ctrl+S】快捷键对工作簿进行保存，或者在【快速访问工具栏】中单击【保存】按钮。

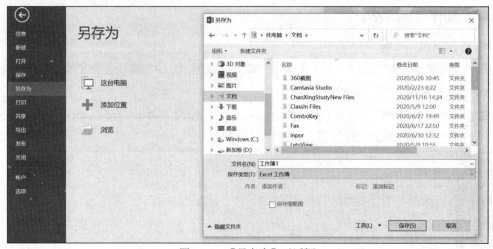

图4-1-6 【另存为】对话框

三、数据录入

1. Excel 2016工作表的操作

工作表的基本操作包括对工作表进行选定、重命名、移动和复制、插入、删除、拆分、冻结、行列调整等。对 Excel 的操作要遵循"先选定，后操作"的原则。

1) 插入工作表

单击工作表标签上的【新建工作表】按钮 ⊕，如图 4-1-7 所示。

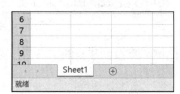

图4-1-7 插入工作表

2) 删除工作表

选中要删除工作表的标签，右击后在快捷菜单中单击【删除】选项，即可完成操作，如图 4-1-8 所示。

图4-1-8 删除工作表

提示：

Excel不允许将一个工作簿中的所有工作表都删除，至少要保留一个工作表。

3) 重命名工作表

方法有如下两种：

- 选中工作表标签，右击后在快捷菜单中单击【重命名】选项，这时工作表标签以反色显示，在其中输入新的名称并按下【Enter】键即可，如图4-1-9所示。
- 双击选中的工作表标签，这时工作表标签以反色显示，在其中输入新的名称并按下【Enter】键即可。

4) 移动或复制工作表

- 使用命令移动或复制工作表。选中工作表标签，右击后在快捷菜单中单击【移动或复制】选项，弹出【移动或复制工作表】对话框；如果是复制工作表，选中【建立副本】复选框即可，如图4-1-10所示。

图4-1-9　重命名工作表

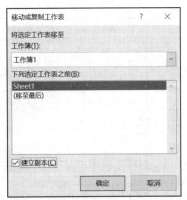

图4-1-10　【移动或复制工作表】对话框

- 使用鼠标移动或复制工作表。选中要移动工作表的标签，按住鼠标左键拖动工作表标签到指定的位置，松开鼠标左键即可完成操作；如果要复制工作表，需要按住【Ctrl】键的同时拖动工作表，在目的地释放鼠标，然后松开【Ctrl】键即可。

5) 选定整张表

在工作表的左上角，没有行号和列标的空白按钮是【全选】按钮，单击【全选】按钮，可选定整个工作表。

6) 选定、取消单元格

用鼠标单击某个单元格即可选定该单元格。如果要用鼠标选定一个单元格区域，可先用鼠标单击区域左上角的单元格，按住鼠标左键并拖动鼠标到区域右下角，然后放开鼠标左键即可，如图 4-1-11 所示。若想取消选择，只需用鼠标在工作表中单击任一单元格即可。

要选定多个且不相邻的单元格区域，可单击并拖动鼠标选定第一个单元格区域，然后按住【Ctrl】键，使用鼠标选定其他单元格区域，如图 4-1-12 所示。

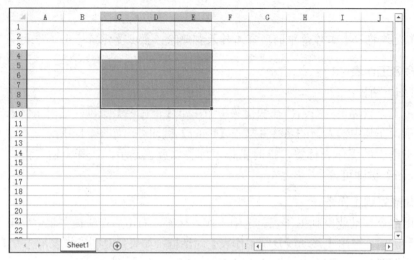

图4-1-11　选定多个单元格

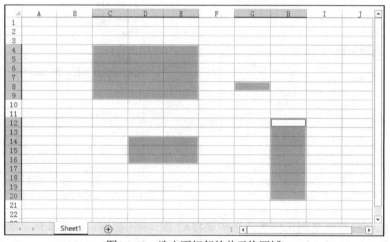

图4-1-12　选定不相邻的单元格区域

此外，在工作表中，经常需要选定一些特殊的单元格区域，例如整行、整列等，具体操作方法如下：

- 选定整行：单击该行的行号。
- 选定整列：单击该列的列标。
- 选定连续的行或列：沿着行号或列标拖动鼠标，或者先选定区域中的第一行或第一列，然后按住【Shift】键，再选定区域中的最后一行或最后一列。
- 选定不连续的行或列：先选定区域中的第一行或第一列，然后在按住【Ctrl】键的同时，再选定其他的行或列。

7) 插入和删除单元格、行、列

- 插入空白单元格：选定要插入空白单元格的区域，选定的单元格数目应与要插入的单元格数目相等，右击后在快捷菜单中选择【插入】选项。在【插入】对话框中选择一种插入形式，然后单击【确定】按钮，如图4-1-13所示。

- 插入一行或多行：选择要插入行的下面行中的任意单元格，或选择下面相邻的若干行，选定的行数与要插入的行数相等，右击后选择【插入】选项。

- 插入一列或多列：选择要插入列的右侧相邻列的任意单元格，或选择右侧相邻的若干列，选定的列数与要插入的列数相等，右击后选择【插入】选项。

- 删除单元格、行或列：选中要删除的单元格、行或列，右击后选择【删除】选项。在【删除】对话框中选择一种删除形式，单击【确定】按钮即可，如图4-1-14所示。

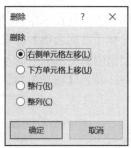

图4-1-13　【插入】对话框　　　　图4-1-14　【删除】对话框

8) 调整行高和列宽

在单元格中输入文字或数据时，有时单元格中文字会只显示了一半；有的单元格中显示的是一串 "#" 符号，这时我们就需要调整单元格的高度和宽度。

为了调整行高和列宽，可以使用鼠标拖曳和菜单调整两种方法，具体操作步骤如下：

(1) 将光标移到行号(列标)中间的分割线上，此时光标变成╋，单击鼠标左键向上或向下(向左或向右)拖动，即可调整单元格的行高(列宽)。

(2) 选中需要调整的行号或列标，右击后选择【行高】或【列宽】选项，进入【行高】和【列宽】设置对话框，输入固定值即可，如图 4-1-15 所示。

图4-1-15　"行高"和"列宽"对话框

数据是表格中必不可少的元素，简单来说，没有任何数据的表格，也就没有多少实际意义，所有表格都需要输入数据。

9) 隐藏／显示工作表、行或列

我们不仅可以隐藏工作簿，也可以有选择地隐藏工作簿的一个或多个工作表，或隐藏工作表中的行或列。

隐藏工作表的具体操作步骤如下：

(1) 选定要隐藏的工作表。

(2) 右击后选择【隐藏】菜单项。

取消隐藏工作表的方法：

右击后选择【取消隐藏】菜单项。

隐藏工作表中行或列的具体操作步骤如下：

(1) 选择要隐藏的行或列。

(2) 右击后选择【隐藏】菜单项。

取消隐藏工作表中行或列的具体操作步骤如下：

(1) 选择一个含有隐藏的行或列的单元格区域。

(2) 右击后选择【取消隐藏】菜单项。

10) 保护工作表

通过对工作簿加密可以保护工作表中的数据。在【另存为】对话框中单击【工具】下拉按钮，在下拉列表中选择【常规选项】选项。然后，在弹出的【常规选项】对话框的【打开权限密码】与【修改权限密码】文本框中输入密码。单击【确定】按钮，在弹出的【确认密码】对话框中重新输入密码，单击【确定】按钮，重新输入修改权限密码即可，如图4-1-16所示。

图4-1-16　【常规选项】对话框

11) Excel中的查找与替换

在Excel中，我们可以查找某个(或某类)已知数据，也可以通过查找用某个已知数据替换表中的某个(或某类)数据。查找与替换的具体操作步骤如下：

(1) 选择【开始】/【查找和选择】/【替换】命令，弹出【查找和替换】对话框。

(2) 在【查找】选项卡的【查找内容】文本框中输入要查找的内容(查找的内容可为字符或数字)，再在【替换为】文本框中输入要替换的内容，单击【全部替换】按钮，可完成替换操作，如图4-1-17所示。【查找】的快捷键是【Ctrl+F】，【替换】的快捷键是【Ctrl+H】。

图4-1-17　【查找和替换】/【替换】选项卡

2. 特殊符号的输入

在表格中输入特殊符号来充实和标记数据是非常常见的，能让表格传达的信息更加直观和形象。单击【插入】选项卡，在【符号】分组中单击【符号】按钮，如图4-1-18所示。打开【符号】对话框，在对话框中进行选择，如图4-1-19所示。

图4-1-18　【插入】选项卡

图4-1-19　【符号】对话框

四、长表格数据查看

在数据较多的表格中，用户可将指定的数据部分固定住，以方便用户翻阅查看。

1. 工作表的冻结

1) 冻结工作表：选择一个单元格，其左上角将会作为冻结点。单击【视图】选项卡，单击【冻结窗口】下拉按钮，选择【冻结拆分窗格】选项，系统自动将选中单元格周围的表格内容冻结，如图 4-1-20 所示。

在工作表中滚动鼠标滑轮或拖动表格右侧的滚动条，即可看到表头和标题行的位置固定不变，数据主体部分依次滚动显示。

图4-1-20　【视图】/【冻结窗口】/【冻结拆分窗格】选项

2) 取消表格冻结：当用户不再需要冻结显示固定数据时，可让表格恢复到最初没有冻结的状态。单击【视图】选项卡中的【冻结窗格】下拉按钮，选择【取消冻结窗格】选项即可，如图 4-1-21 所示。

图4-1-21　【取消冻结窗格】选项

2. 工作表的拆分

除了将工作表的指定位置冻结外，用户还可以将工作表拆分为多个部分，而且每个部分都有完整的表格数据，以方便用户对表格中不同部分的数据进行查看和对比。

选择一个单元格作为拆分点，单击【视图】选项卡中的【拆分】按钮，即可实现表格的拆分，如图4-1-22所示。再次单击【拆分】按钮，即可取消拆分。

图4-1-22　"拆分"效果

任务实练

1. 制作"员工销售业绩表"

(1) 打开"任务1-1.xlsx"，查看表中的内容。

(2) 在"任务1-1"工作簿中新建工作表Sheet2，按样张录入数据。样张如图4-1-23所示。

	A	B	C	D	E	F	G	H	I
1	【员工销售业绩表】								
2	员工号	销售员姓名	入职时间	销售等级	销售产品	规格	单价（元）	销售数量（瓶）	销售总额（元）
3	1	肖建波	2014/9/1	一般	眼部修护素	48瓶/件	125	25	3125
4	2	赵丽	2010/8/15	良	修护晚霜	48瓶/件	105	87	9135
5	3	张无晋	2011/2/3	良	角质调理露	48瓶/件	105	73	7665
6	4	孙茜	2006/12/1	优	活性滋润霜	48瓶/箱	105	97	10185
7	5	李圣波	2009/10/23	良	保湿精华露	48瓶/箱	115	85	9775
8	6	孔波	2016/9/1	一般	柔肤水	48瓶/件	85	53	4505
9	7	王佳佳	2011/7/9	良	保湿乳液	48瓶/件	98	64	6272
10	8	龚平	2010/11/18	良	保湿日霜	48瓶/件	95	85	8075

图4-1-23　任务1-1录入数据样张

(3) 在第 5 行和第 6 行之间插入 3 个空行。

(4) 将第 F 列删除。

(5) 将第 3 行到第 13 行的"行高"设置为 16，并调整"列宽"为适合的宽度。

(6) 将第 6 行至第 8 行隐藏。

(7) 进行"冻结窗格"操作，将表头始终显示。

(8) 取消"冻结窗格"。

(9) 进行"拆分"操作，以"E10"单元格为拆分点。

(10) 取消"拆分"。

(11) 插入两张新工作表 Sheet2 和 Sheet3。

(12) 将 Sheet1 重命名为"销售业绩表"。

(13) 将 A2:D13 单元格中的数据复制到 Sheet2 中。

(14) 删除工作表 Sheet3。

(15) 将文件另存到桌面上，名为"任务 1-1 结果"。结果如 4-1-24 所示。

	A	B	C	D	E	F	G	H
1	【员工销售业绩表】							
2	员工号	销售员姓名	入职时间	销售等级	销售产品	单价（元）	销售数量（瓶）	销售总额（元）
3	1	肖建波	2014/9/1	一般	眼部修护素	125	25	3125
4	2	赵丽	2010/8/15	良	修护晚霜	105	87	9135
5	3	张无晋	2011/2/3	良	角质调理露	105	73	7665
9	4	孙茜	2006/12/1	优	活性滋润霜	105	97	10185
10	5	李圣波	2009/10/23	良	保湿精华露	115	85	9775
11	6	孔波	2016/9/1	一般	柔肤水	85	53	4505
12	7	王佳佳	2011/7/9	良	保湿乳液	98	64	6272
13	8	龚平	2010/11/18	良	保湿日霜	95	85	8075

销售业绩表　Sheet2

图4-1-24　任务1-1效果图

2. 制作"每日业绩统计表"

(1) 新建一个 Excel 工作簿。

(2) 按样张录入数据，如图 4-1-25 所示。

	A	B	C	D	E	F	G	H
1	每日业绩统计表							
2	员工姓名	当日推荐量	有效转介客户	业务量（笔）	贵宾卡（张）	电子银行（户）	理财产品（万）	
3	王建新	26	12	33	2	15	180	
4	张品为	30	16	51	0	14	69	
5	赵日辉	24	9	30	1	17	48	
6	刘鑫	18	5	28	0	20	65	
7	黄大玮	25	20	31	0	11	106	

Sheet1

图4-1-25　任务1-2录入数据样张

(3) 插入三张新工作表 Sheet2、Sheet3、Sheet4。

(4) 将 Sheet1 重命名为"业绩表"。

(5) 删除工作表 Sheet4。

(6) 将 Sheet2 移动到"业绩表"之前。

(7) 在"业绩表"第 1 列前插入两个空列。

(8) 在第 1 列输入员工编号：1、2、3、4、5。

(9) 将第 2 列(空列)删除。

(10) 将"员工"替换为"职员"。

(11) 将"业绩表"复制到 Sheet3 中。

(12) 对"业绩表"进行"拆分"操作，将表头始终显示(选中 I3 单元格)。

(13) 取消"拆分"。

(14) 将文件另存到桌面上，名为"任务 1-2 结果"。结果如 4-1-26 所示。

	A	B	C	D	E	F	G	H
1			每日业绩统计表					
2	职工编号	职工姓名	当日推荐量	有效转介客户	业务量（笔）	贵宾卡（张）	电子银行（户）	理财产品（万）
3	1	王建新	26	12	33	2	15	180
4	2	张品为	30	16	51	0	14	69
5	3	赵日辉	24	9	30	1	17	48
6	4	刘鑫	18	5	28	0	20	65
7	5	黄大玮	25	20	31	0	11	106

Sheet2　业绩表　Sheet3　⊕

就绪　　　　　　　　　　　　　　　　　　　　　　田 回 凹 － 💠 ＋ 100%

图4-1-26　任务1-2效果图

任务总结

对于已经创建并得以保存的工作簿，用户可以通过常规方法来打开它，对其进行查看、修改等操作。在 Excel 中，系统会自动将用户使用过的工作簿"记住"，用户要再次打开这些使用过的工作簿，单击【最近】图标选项即可。

新建工作簿后通常会将其保存，然后再进行数据的输入，这样可以保证创建的工作簿始终存在，不会因为断电或死机而造成工作簿的丢失。数据有多种类型，如文本、数值、日期、时间等。用户应根据数据类型的不同，使用相应的方法录入。

若用户要冻结表格中的首行或首列，可直接单击【视图】选项卡中的【冻结窗格】下拉按钮，选择【冻结首行】或【冻结首列】选项，不需要事先选择首行或首列。

任务二　美化业绩表

美化数据即设置数据的格式，又称为格式化数据。Excel 2016 为用户提供了文本、数字、日期等多种数据显示格式，默认情况下的数据显示格式为常规格式。用户可以运用 Excel 2016 中自带的数据格式，根据不同的数据类型来美化数据。

任务情境

沈明将业绩表制作完毕，发现表格中数据的格式比较单调，为了更好地表现出表格中数据的效果，沈明决定对业绩表进行美化。在美化业绩表的过程中，需要对业绩表进行格式设置、边框和底纹、设置条件格式等操作。

任务展示

通过本任务学习，最终完成"员工销售业绩表"的美化，任务结果如图4-2-1所示。

员工号	身份证号	销售员姓名	入职时间	销售等级	销售产品	规格	单价（元）	销售数量（瓶）	销售总额（元）
1	210101199002160011	肖建波	2014年9月1日	一般	眼部修护素	48瓶/件	¥125.00	25	¥3,125.00
2	210222198812050033	赵丽	2010年8月15日	良	修护晚霜	48瓶/件	¥105.00	87	¥9,135.00
3	210105198904090002X	张无晋	2011年2月3日	良	角质调理露	48瓶/件	¥105.00	73	¥7,665.00
4	210110198410291311	孙茜	2006年12月1日	优	活性滋润霜	48瓶/箱	¥105.00	97	¥10,185.00
5	210102198606060222	李圣波	2009年10月23日	良	保湿精华露	48瓶/箱	¥115.00	85	¥9,775.00
6	210102199208201233	孔波	2016年9月1日	一般	柔肤水	48瓶/件	¥85.00	53	¥4,505.00
7	210105198609190027	王佳佳	2011年7月9日	良	保湿乳液	48瓶/件	¥98.00	64	¥6,272.00
8	210102198812300034	龚平	2010年11月18日	良	保湿日霜	48瓶/件	¥95.00	85	¥8,075.00

图4-2-1　美化"员工销售业绩表"的效果图

任务实施

一、排版业绩表数据格式

1. 对表格中的"文本"数据进行格式设置

设置单元格中的文本格式，包括字体、字号、效果格式等内容。通过设置文本格式，不仅可以突出工作表中的特殊数据，而且还可以使工作表的版面更加美观。

1）选项组法

执行【开始】/【字体】选项组中的各种命令即可，如图4-2-2所示。

图4-2-2　【字体】选项组

2) 对话框法

用户可以利用对话框来设置字体格式。单击【字体】/【对话框启动器】按钮,打开【设置单元格格式】对话框,此对话框包括【数字】【对齐】【字体】【边框】【填充】和【保护】六个选项卡,在不同的选项卡中可以设置相关的操作。要美化文本,在【字体】选项卡中设置各选项即可,如图 4-2-3 所示。

图4-2-3　"设置单元格格式"对话框

该对话框主要包括下列各个选项:

- 【字体】:用来设置文本的字体格式。
- 【字形】:用来设置文本的字形格式,比【字体】选项组多了一种【加粗倾斜】格式。
- 【字号】:用来设置字号格式。
- 【下划线】:用来设置字形的下画线格式,包括【无】【单下划线】【双下划线】【会计用单下划线】【会计用双下划线】5种类型。
- 【颜色】:用来设置文字颜色格式,包括主题颜色、标准色与其他颜色。
- 【特殊效果】:用来设置字体的删除线、上标与下标3种特殊效果。
- 【普通字体】:用来将字体格式恢复到原始状态。

2. 对表格中的"数字"数据进行格式设置

在制作电子表格时,经常使用的数据便是日期、时间、百分比、分数等数字。

1) 选项组法

选择单元格或单元格区域,执行【开始】/【数字】选项组中的各种命令即可。另外,用户可以执行【开始】/【数字】/【数字格式】命令,在下拉列表中选择相应的格式即可。

2) 对话框法

选择单元格或单元格区域,单击【开始】/【数字】/【对话框启动器】按钮,在弹出的【设置单元格格式】对话框的【分类】列表框中选择相应的选项即可,如图 4-2-4 所示。

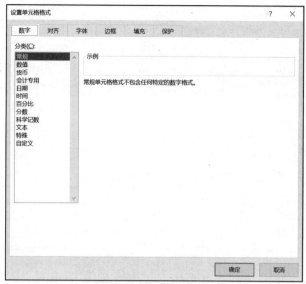

图4-2-4 【数字】选项卡

3) 输入身份证号

如果单元格中的数字超过 11 位，系统将会以科学记数法的形式将之显示出来。身份证号为 18 位数字，无法正常显示，用户可通过简单设置让其正常显示。输入数据前，在输入法设置成英文半角的状态下，先打一个单引号，然后再输入数据，这样显示出的数据是"文本"类型，即可显示正确的身份证号信息。用户也可以通过在【设置单元格格式】对话框中选择【文本】选项来实现。

3. 对齐方式的设置

系统默认情况下，输入单元格的数据是按照文字左对齐、数字右对齐、逻辑值居中对齐的方式进行的，有效地设置对齐方法可以使版面更加美观。

1) 用功能组中的按钮设置对齐方式

选定需要格式化的单元格后，单击【开始】/【对齐方式】选项组中的【顶端对齐】【垂直对齐】【底端对齐】【文本左对齐】【居中】【文本右对齐】【合并及居中】【减少缩进量】【增加缩进量】等按钮即可，如图 4-2-5 所示。

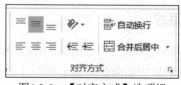

图4-2-5 【对齐方式】选项组

2) 利用【设置单元格格式】对话框设置对齐方式

在【设置单元格格式】对话框的【对齐】选项卡中，可设定所需对齐方式，如图 4-2-6 所示。

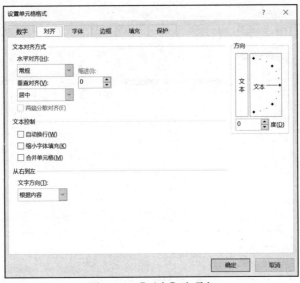

图4-2-6 【对齐】选项卡

- 水平对齐的格式有：常规(系统默认的对齐方式)、左(缩进)、居中、靠右、填充、两端对齐、跨列居中、分散对齐。
- 垂直对齐的格式有：靠上、居中、靠下、两端对齐、分散对齐。

3)【方向】区域的设置

在【方向】区域，可以改变单元格内容的显示方向，也可调整文本的倾斜度。

4)【文本控制】区域的设置

区域中的设置包括自动换行、缩小字体填充、合并单元格。

- 选中【自动换行】复选框：当单元格中的内容宽度大于列宽时，会自动换行。若要在单元格内强行换行，可直接按【Alt+Enter】键。
- 选中【缩小字体填充】复选框：当单元格中的内容宽度大于列宽或字体多于单元格容纳的内容时，系统会将字体缩小到能在此单元格中显示的大小。
- 选中【合并单元格】复选框：实现单元格的合并。选中要合并的单元格区域，在文本控制区选中【合并单元格】复选框即可。

二、为表格设计边框和底纹

在工作表中看到的单元格都带有浅灰色的边框线，这是 Excel 默认的网格线，它是为输入、编辑方便而预设的(相当于 Word 表格中的虚框)，在打印时不显示。然而在日常工作中，需要强调工作表的一部分或某一特殊表格部分，使其层次分明，这时就需通过设置边框和底纹来实现。Excel 2016 为用户提供了 13 种边框样式。

1. 用功能组中的按钮设置边框和底纹

(1) 选中要添加边框和底纹的单元格或单元格区域，单击【开始】/【字体】/【框线】按钮█▼和【填充颜色】按钮█▼，在下拉菜单中选定所需的边框线和背景填充色，如图 4-2-7 所示。

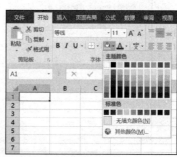

图4-2-7 【边框】和【填充颜色】下拉菜单

(2) 用户也可以执行【开始】/【字体】/【边框】/【绘制边框】命令，手动绘制边框以及设置边框的颜色与线条，如图 4-2-8 所示。

2. 利用【设置单元格格式】对话框设置边框和底纹

(1) 在【设置单元格格式】对话框的【边框】选项卡中，可设定外边框、内部框线以及线条的样式、颜色等，如图 4-2-9 所示。

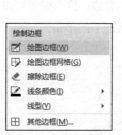

图4-2-8 【绘制边框】命令

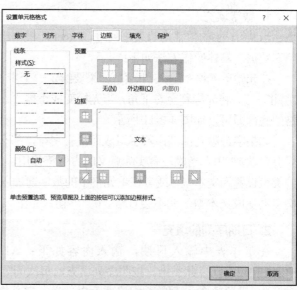

图4-2-9 【边框】选项卡

(2) 在【设置单元格格式】对话框的【填充】选项卡中，可以设置单元格的底纹颜色与图案，如图 4-2-10 所示。

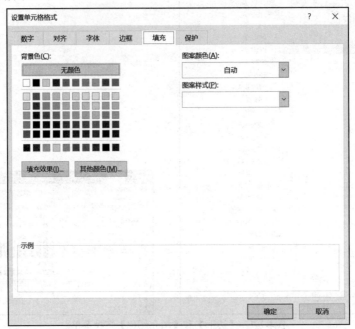

图4-2-10　【填充】选项卡

三、自动填充功能

当 Excel 中输入的内容有规律时，可以使用 Excel 提供的方便快捷的输入方法——自动填充功能。自动填充包括数字填充、文本填充、字符与数字串构成的字符串填充、日期填充等不同方式的填充，还包括用户自定义方式的填充。

1. 数字填充

当某行(列)的数字为等差序列时，Excel 能根据给定的初始值，按照固定的规律增加或减少填充数据，具体操作方法如下：

在起始单元格中输入初始值(如果要给定一个步长值,则应在下一个单元格中输入第二个数字)并选定,将光标移至右下角,当光标变成小黑"十"字形后,按左键拖动填充柄至所需单元格的底部即可，如图 4-2-11 所示。

如果字符串全部都由数字组成而没有字符，那么当输入的数字的第一位是"0"时，Excel就会自动把"0"当成没有实际意义的占位符使用，自动把"0"省略，这个时候可以将单元格的类型设置为文本型，或者在单元格中的数字前加入半角英文状态下的单引号，这个时候单元格自动变成文本型，就不会省略"0"。输入完毕。

2. 日期序列的填充

在工作表中输入日期，输入内容如下：A1 单元格为"2017-1-1"，A2 单元格为"2017-1-2"，以此类推。按照序列填充，每次间隔一天，具体操作方法如下：

(1) 设置整个 A 列的数据格式为自定义，定义格式为"yyyy-m-d"。

(2) 在 A1 单元格中直接输入"2017/1/1"，选中 A1 单元格，通过下拉拖放就可以自动填充下方单元格中的内容，如图 4-2-12 所示。

提示：

当填充的日期为相同日期时，在拖动填充柄填充时同时按住【Ctrl】键。

3. 文本与数字搭配字符串的填充

当填充序列为文本或字符和数字串搭配时，直接拖动填充实现的是按照后面数字串的递增序列进行填充，当按住【Ctrl】键时，进行的是复制填充。

例如，在此工作表中输入第二列数据为学号数据列，其内容为"学号001"、"学号002"等 10 行内容，具体操作方法如下：在 B1 单元格中输入"学号001"，然后使用自动填充功能输入其他 9 名同学的学号，如图 4-2-13 所示。

提示：

当使用自动填充功能时，选择序列填充和复制填充未能达到需要的效果时，可以使用填充完毕后的 按钮进行调整，包括【复制单元格】【仅填充格式】【不带格式填充】三种方式。

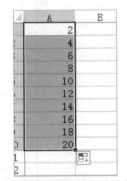  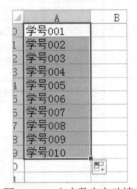

图4-2-11　数值的自动填充　　图4-2-12　日期填充序列　　图4-2-13　文本数字自动填充

提示：

自动填充功能还可以通过填充命令进行设置，在列(行)首的单元格中输入初始值，选定需要填充的所有单元格，单击【开始】/【编辑】/【填充】/【序列】命令。在【序列】对话框中，设定相应的值(条件)，然后单击【确定】按钮即可，如图4-2-14所示。

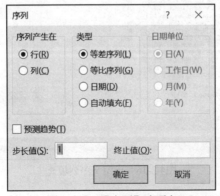

图4-2-14　【序列】选项卡

4. 自定义序列填充

自定义序列是将一组经常使用的数据事先定义为序列，以便于快速填充。只需要输入序列中的第一个词，再使用填充柄向下拖动，就会自动生成自定义序列。

例如：某表中总是使用"赵一""钱二"…"郑七"等固定几位学生的名字，这样就可以在自定义序列中定义这几位学生的名字为自定义序列，下次再输入学生姓名的时候就可以采用序列填充的方式来进行填充，具体操作步骤如下：

(1) 单击【文件】/【选项】/【高级】/【常规】，单击【编辑自定义列表】按钮，如图 4-2-15 所示。在【输入序列】中输入学生姓名，每输完一个值按回车键，如图 4-2-16 所示。

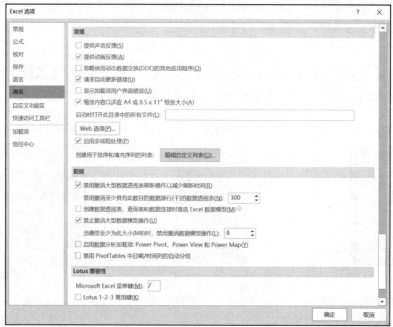

图4-2-15 【Excel选项】对话框

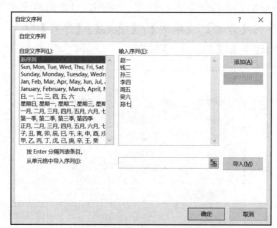

图4-2-16 自定义序列填充

(2) 输完学生姓名后，单击【添加】按钮，在【自定义序列】栏中就会出现自己添加的自定义序列，如图 4-2-17 所示，然后单击【确定】按钮。此时，就可以通过自动填充功能完成学生姓名的填充。

图4-2-17　自定义序列填充结果

四、按条件设置格式

1. 使用条件格式

条件格式是指如果选定的单元格满足特定的条件,那么 Excel 会将底纹、字体、颜色等格式应用到该单元格,以增强电子表格的设计和可读性。通常在需要突出显示公式的计算结果或要监视单元格的值时应用条件格式。

在使用条件格式时,首先选择要应用条件格式的单元格或单元格区域,然后单击【开始】/【样式】/【条件格式】命令,选择相应的选项即可,如图 4-2-18 所示。

图4-2-18　使用条件格式

1) 突出显示条件规则

主要适用于查找单元格区域中的特定单元格,是基于比较运算符来设置这些特定的单元格格式。该选项主要包括大于、小于、介于、等于、文本包含、发生日期与重复值 7 种规则。当用户选择某种规则时,系统会自动弹出相应的对话框,在该对话框中主要设置指定值的单元格背景。例如,选择【大于】选项,如图 4-2-19 所示。

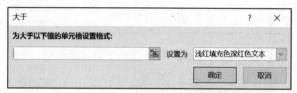

图4-2-19　设置【大于】规则

2) 项目选取规则

项目选取规则是根据指定的截止值查找单元格区域中的最高值或最低值，或查找高于、低于平均值或标准偏差的值。该选项主要包括前10项、前10%项、最后10项、最后10%项、高于平均值与低于平均值6种规则。当用户选择某种规则时，系统会自动弹出相应的对话框，在该对话框中主要设置指定值的单元格背景。例如，选择【前10项】选项，如图4-2-20所示。

图4-2-20　设置【前10项】规则

3) 数据条

数据条可以帮助用户查看某个单元格相对于其他单元格中的值，数据条的长度代表单元格中值的大小，值越大数据条就越长。该选项主要包括渐变填充和实心填充中的蓝色数据条、绿色数据条、红色数据条、橙色数据条、浅蓝色数据条与紫色数据条6种样式。

4) 色阶

色阶作为一种直观的指示，可以帮助用户了解数据的分布与变化情况，可分为双色与三色刻度。其中双色刻度表示使用两种颜色的渐变帮助用户比较数据，颜色表示数值的高低；而三色刻度表示使用3种颜色的渐变帮助用户比较数据，颜色表示数值的高、中、低。

5) 图标集

图标集可以对数据进行注释，并可以按阈值将数据分为3到5个类别。每个类别代表一个值的范围。例如，在三向箭头图标中，绿色的上箭头代表较高值，黄色的横向箭头代表中间值，红色的下箭头代表较低值。

2. 套用表格格式

利用套用表格格式的功能，可以帮助用户达到快速设置表格格式的目的。套用表格格式时，用户不仅可以应用预定义的表格格式，而且还可以创建新的表格格式。

1) 应用表格格式

Excel 2016为用户提供了浅色、中等深浅与深色3种类型共60种表格格式。选择需要套用格式的单元格区域，执行【开始】/【样式】/【套用表格格式】命令，在下拉列表中选择相应的格式，在弹出的【套用表格式】对话框中选择数据来源即可，如图4-2-21所示。

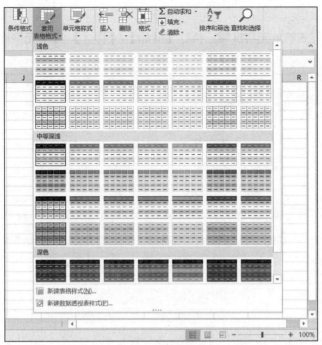

图4-2-21 【套用表格式】下拉菜单

2) 新建表格格式

执行【开始】/【样式】/【套用表格式】/【新建表样式】命令，在弹出的【新建表样式】对话框中设置各选项即可，如图 4-2-22 所示。

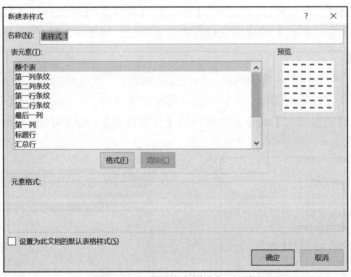

图4-2-22 【新建表样式】对话框

3. 应用单元格样式

样式是单元格格式选项的集合，可以一次应用多种格式，在应用时需要保证单元格格式的一致性。单元格样式与套用表格格式一样，既可以应用预定义的单元格样式，又可以创建新的单元格样式。

1) 应用样式

选择需要应用样式的单元格区域，执行【开始】/【样式】/【单元格样式】命令，在下拉列表中选择相应的样式即可，如图 4-2-23 所示。

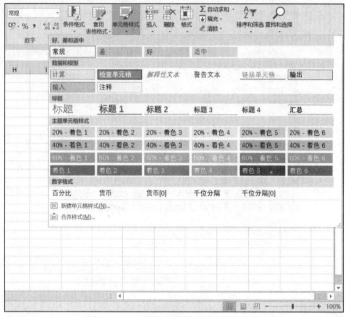

图4-2-23　【单元格样式】下拉菜单

2) 创建样式

选择设置好格式的单元格区域，执行【开始】/【样式】/【单元格样式】/【新建单元格样式】命令，在弹出的【样式】对话框中设置各选项即可，如图 4-2-24 所示。

3) 合并样式

合并样式是指将其他工作簿中的单元格样式复制到另一个工作簿中。首先同时打开两个工作簿，并在第 1 个工作簿中创建一个新样式。然后在第 2 个工作簿中执行【开始】/【样式】/【单元格样式】/【合并样式】命令，在弹出的【合并样式】对话框中选择合并样式来源即可，如图 4-2-25 所示。

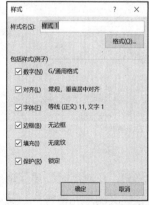

图4-2-24　【样式】对话框

图4-2-25　【合并样式】对话框

任务实练

1. 美化“员工销售业绩表”

打开“任务 2-1.xlsx”，在 Sheet1 中做如下操作：

(1) 在第 2 列插入一个新列，输入身份证号相关数据。

(2) 将“单价”和“销售总额”中的数据设置成货币格式，并保留两位小数。

(3) 将“入职时间”中的数据设置成日期为 X 年 X 月 X 日的格式。

(4) 将表中数据的对齐方式设置为垂直和水平都居中。

(5) 将标题“员工销售业绩表”合并居中。

(6) 设置外框线为粗线、内框线为细线。

(7) 设置第 2 行下方为粗线。

(8) 设置第 J 列左侧为双线型。

(9) 填充第 2 行背景色为灰色。

(10) 填充第 1 行标题行，图案颜色：深蓝、文字 2、淡色 80%，图案样式：水平条纹。结果如图 4-2-26 所示。

【员工销售业绩表】

员工号	身份证号	销售员姓名	入职时间	销售等级	销售产品	规格	单价（元）	销售数量（瓶）	销售总额（元）
1	210101199002160011	肖建波	2014年9月1日	一般	眼部修护素	48瓶/件	¥125.00	25	¥3,125.00
2	210222198812050033	赵丽	2010年8月15日	良	修护晚霜	48瓶/件	¥105.00	87	¥9,135.00
3	21010519890409002X	张无晋	2011年2月3日	良	角质调理露	48瓶/件	¥105.00	73	¥7,665.00
4	210110198410291311	孙茜	2006年12月1日	优	活性滋润霜	48瓶/箱	¥105.00	97	¥10,185.00
5	210102198606060222	李圣波	2009年10月23日	良	保湿精华露	48瓶/箱	¥115.00	85	¥9,775.00
6	210102199208201233	孔波	2016年9月1日	一般	柔肤水	48瓶/件	¥85.00	53	¥4,505.00
7	210105198609190027	王佳佳	2011年7月9日	良	保湿乳液	48瓶/件	¥98.00	64	¥6,272.00
8	210102198812300034	龚平	2010年11月18日	良	保湿日霜	48瓶/件	¥95.00	85	¥8,075.00

图4-2-26　任务2-1 Sheet1效果图

打开“任务 2-1.xlsx”，在 Sheet2 中做如下操作：

(11) 将“销售等级”一列中等于“一般”的数据设置为黄填充色、深黄色文本。

(12) 将“销售总额”一列中最低的 3 个数据值设置为浅红色填充。

(13) 将“销售数量”一列数据设置为渐变填充、浅蓝色数据条。

(14) 将“单价”一列的数据设置为三向箭头(灰色)的图标集。

(15) 将“销售业绩表”设置为表样式、浅色 18。

(16) 将“销售员姓名”一列数据的单元格样式设置为警告文本。结果如图 4-2-27 所示。

【员工销售业绩表】

员工号	销售员姓名	入职时间	销售等级	销售产品	规格	单价（元）	销售数量（瓶）	销售总额（元）
1	肖建波	2014/9/1	一般	眼部修护素	48瓶/件	⇧ 125	25	3125
2	赵丽	2010/8/15	良	修护晚霜	48瓶/件	⇨ 105	87	9135
3	张无晋	2011/2/3	良	角质调理露	48瓶/件	⇨ 105	73	7665
4	孙茜	2006/12/1	优	活性滋润霜	48瓶/箱	⇨ 105	97	10185
5	李圣波	2009/10/23	良	保湿精华露	48瓶/箱	⇧ 115	85	9775
6	孔波	2016/9/1	一般	柔肤水	48瓶/件	⇩ 85	53	4505
7	王佳佳	2011/7/9	良	保湿乳液	48瓶/件	⇩ 98	64	6272
8	龚平	2010/11/18	良	保湿日霜	48瓶/件	⇩ 95	85	8075

图4-2-27　任务2-1 Sheet2效果图

打开"任务 2-1.xlsx"，插入新工作表 Sheet3，按样张做"自动填充"操作，如图 4-2-28 所示。

⬚	A	B	C	D	E	F	G	H	I
10	1	2	2017/1/1	001	001	金融	星期一	星期一	赵一
11	2	4	2017/1/2	002	001	金融	星期二	星期一	钱二
12	3	6	2017/1/3	003	001	金融	星期三	星期一	孙三
13	4	8	2017/1/4	004	001	金融	星期四	星期一	李四
14	5	10	2017/1/5	005	001	金融	星期五	星期一	周五
15	6	12	2017/1/6	006	001	金融	星期六	星期一	吴六
16	7	14	2017/1/7	007	001	金融	星期日	星期一	郑七
17	8	16	2017/1/8	008	001	金融	星期一	星期一	赵一
18	9	18	2017/1/9	009	001	金融	星期二	星期一	钱二
19	10	20	2017/1/10	010	001	金融	星期三	星期一	孙三
20							星期四	星期一	李四
21							星期五	星期一	周五
22							星期六	星期一	吴六
23							星期日	星期一	郑七
24									
25									

图4-2-28 任务2-1 Sheet3样张

(17) 将文件另存为到桌面上，名为"任务 2-1 结果"。

2．美化"每日业绩统计表"

(1) 打开"任务 2-2.xlsx"。

(2) 在第 1 列前插入一列"员工代码"，并填充为甲、乙、丙(使用自动填充功能)。

(3) 将"标题"设置为华文琥珀、16 号、倾斜、标准色绿色、合并后居中。

(4) 将 A2:H2 单元格的填充颜色设置为黄色，并设置自动换行。

(5) 将"理财产品"一列数据设置为数值型、保留 1 位小数。

(6) 按效果图设置边框和底纹。

(7) 将"贵宾卡"一列大于 0 的数据设置为浅绿填充色红色文本。

(8) 将"当日推荐量"一列数据的条件格式设置为实心填充绿色数据条。

(9) 将"理财产品"一列数据的图标集设置为三色旗的标志。

(10) 将文件另存为到桌面上，名为"任务 2-2 结果"。结果如图 4-2-29 所示。

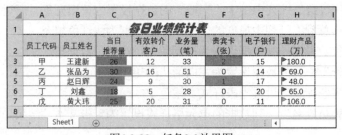

图4-2-29 任务2-2效果图

任务总结

在 Excel 操作中，经常需要输入各种类型的数据，如数字、文本、日期等，这些数据在表格制作中通常需要进行格式设置。

要美化表格，不仅可以通过字体、字号、对齐方式的设置来实现，还可以通过添加漂亮的边框和底纹来实现。对于一些简单边框或底纹样式，可直接通过功能按钮中的边框或填充颜色下拉按钮来快速实现。

为了提高录入数据的速度和准确性，用户可以利用 Excel 提供的自动填充功能实现数据的快速录入。在编辑工作表时，用户可以运用 Excel 2016 提供的样式功能，快速设置工作表的数据格式、对齐方式、字体字号、颜色、边框、图案等格式，从而使表格具有美观与醒目的独特特征。

任务三　业绩表的简单计算

在日常工作中，经常需要使用一些固定函数来简化数据的计算，例如求和函数 SUM、求平均值函数 AVERAGE、求最大值函数 MAX、求最小值函数 MIN、计数函数 COUNT 等。

任务情境

沈明完成员工销售业绩表的制作和美化之后，通过使用“公式”和“函数”这两种计算方法，分别对表中的数据进行统计。

任务展示

通过本任务学习，最终完成“员工销售业绩表”的简单计算，任务结果如图 4-3-1 所示。

【员工销售业绩表】

员工号	销售员姓名	入职时间	销售等级	销售产品	规格	单价（元）	上半年销售数量（瓶）	下半年销售数量（瓶）	全年销售数量（瓶）	平均销售数量（瓶）
1	肖建波	2014/9/1	一般	眼部修护素	48瓶/件	125	11	14	25	12.5
2	赵丽	2010/8/15	良	修护晚霜	48瓶/件	105	32	55	87	43.5
3	张无晋	2011/2/3	良	角质调理露	48瓶/件	105	40	33	73	36.5
4	孙茜	2006/12/1	优	活性滋润霜	48瓶/箱	105	54	43	97	48.5
5	李圣波	2009/10/23	良	保湿精华露	48瓶/箱	115	39	46	85	42.5
6	孔波	2016/9/1	一般	柔肤水	48瓶/件	85	21	32	53	26.5
7	王佳佳	2011/7/9	良	保湿乳液	48瓶/件	98	30	34	64	32
8	龚平	2010/11/18	良	保湿日霜	48瓶/件	95	42	43	85	42.5
		最大值				125	54	55	97	49
		最小值				85	11	14	25	13

图4-3-1　“员工销售业绩表”的简单计算结果图

任务实施

一、使用公式对业绩表进行计算

1. 单元格引用

Excel 中的每一个单元格都可以使用行号与列标进行唯一标识，即单元格引用。单元格引用格式为：[工作簿名.xlsx]工作表名!单元格地址。例如[销售业绩表.xlsx]Sheet1!A2，表示引用“销售业绩表”工作簿文件中 Sheet1 工作表中的 A2 单元格。

进行单元格引用时，在同一工作簿文件中的单元格引用可以省略工作簿名，在同一工作表中的单元格引用可以省略工作表名。例如：在 Sheet1 工作表的 A1 单元格中输入公式“=Sheet2!B1＋C1”，表示 Sheet2 中 B1 单元格的值加上 Sheet1 中 C1 单元格的值，结果放到

Sheet1 的 A1 单元格中。

在复制和移动公式时，有时希望引用的单元格地址随之发生相应的变化，有时又不希望发生变化。这就要求引用的单元格地址具有不同的性质，因此单元格引用分为相对引用、绝对引用和混合引用三种类型。

1) 相对引用

在输入公式时，一般使用相对引用。使用单元格名字就可以实现单元格内数据的引用。这时，把一个含有单元格地址的公式复制或移动到另一个位置时，公式中的单元格地址会随着位置的改变而改变。例如“销售业绩表”中，在 J3 单元格中输入公式“=H3+I3”，将该单元格的公式复制到 J4 单元格中时，J4 单元格中的公式将自动变为“=H4+I4”，如图 4-3-2 所示。

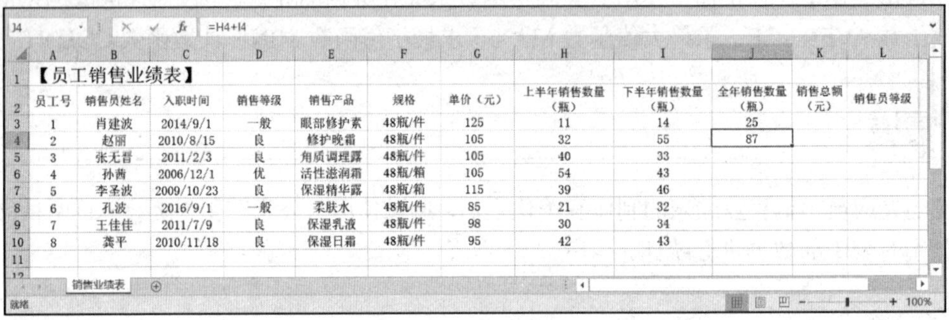

	A	B	C	D	E	F	G	H	I	J	K	L
1	【员工销售业绩表】											
2	员工号	销售员姓名	入职时间	销售等级	销售产品	规格	单价（元）	上半年销售数量（瓶）	下半年销售数量（瓶）	全年销售数量（瓶）	销售总额（元）	销售员等级
3	1	肖建波	2014/9/1	一般	眼部修护素	48瓶/件	125	11	14	25		
4	2	赵丽	2010/8/15	良	修护晚霜	48瓶/件	105	32	55	87		
5	3	张无晋	2011/2/3	良	角质调理露	48瓶/件	105	40	33			
6	4	孙茜	2006/12/1	优	活性滋润霜	48瓶/箱	105	54	43			
7	5	李圣波	2009/10/23	良	保湿精华露	48瓶/箱	115	39	46			
8	6	孔波	2016/9/1	一般	柔肤水	48瓶/件	85	21	32			
9	7	王佳佳	2011/7/9	良	保湿乳液	48瓶/件	98	30	34			
10	8	龚平	2010/11/18	良	保湿日霜	48瓶/件	95	42	43			
11												

图4-3-2　相对引用

2) 绝对引用

复制或移动含有绝对引用的单元格地址的公式时，单元格地址不会随着位置的改变而改变。在行号和列标前都加上“$”符号表示绝对引用，如$A$1。例如：在 J3 单元格中输入公式“=$H$3＋I3”，将该单元格的公式复制到 J4 单元格中，J4 单元格中的公式变为“=$H$3＋I4”。

此处，对 J3 单元格就使用了绝对引用，无论被复制到哪个单元格，$H$3 表示的都是“销售业绩表”中 H3 单元格中的数据。

3) 混合引用

混合引用只保持行或列的单元格地址不变，在行号或列标前加上“$”符号，如$H3 或 H$3。当复制或移动公式时，公式的相对地址随移动位置的改变而改变，而绝对地址，即加上“$”的行或列保持不变。例如在 J3 单元格中输入公式“=$H3＋I3”，将该单元格的公式复制到单元格 J4 中，J4 单元格中的公式为“=$H4+I4”。

2. 输入公式

公式是在工作表中进行数据计算的等式，公式的输入以“=”开始，可以对工作表数值进行加、减、乘、除等运算。

在公式表达式中可以包含各种算术运算符、常量、变量、函数和单元格地址等元素。单元格中显示的是公式计算的结果，编辑栏的输入框中显示的是公式本身。

1) 运算符

在 Excel 中提供了四种运算符，即算术运算符、比较运算符、文本运算符和引用运算符。

- 算术运算符：算术运算符有＋(加)、－(减)、*(乘)、/(除)、%(百分号)和 ^ (乘方)。例如：3^2+6表示3的平方加上6，值为15。
- 文本运算符：&(文字连接符)可以对文本或单元格内容进行连接。例如：B3单元格内容为“肖建波”，D3单元格内容为“一般”，在L3单元格内输入公式“=B3&D3”，值为“肖建波一般”，如图4-3-3所示。

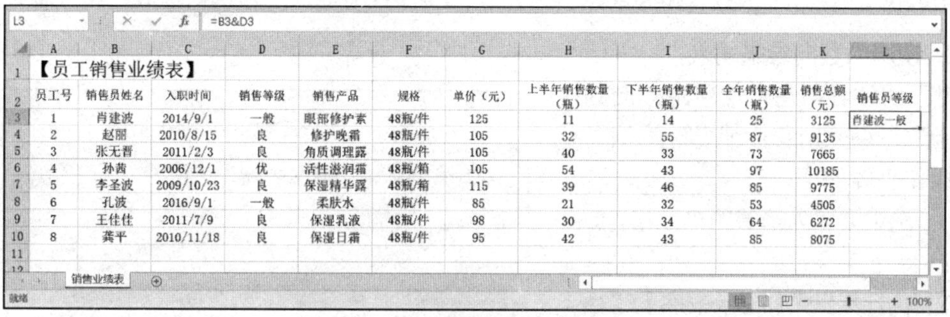

	A	B	C	D	E	F	G	H	I	J	K	L
1	【员工销售业绩表】											
2	员工号	销售员姓名	入职时间	销售等级	销售产品	规格	单价（元）	上半年销售数量（瓶）	下半年销售数量（瓶）	全年销售数量（瓶）	销售总额（元）	销售员等级
3	1	肖建波	2014/9/1	一般	眼部修护素	48瓶/件	125	11	14	25	3125	肖建波一般
4	2	赵丽	2010/8/15	良	修护晚霜	48瓶/件	105	32	55	87	9135	
5	3	张无晋	2011/2/3	良	角质调理露	48瓶/件	105	40	33	73	7665	
6	4	孙茜	2006/12/1	优	活性滋润霜	48瓶/箱	105	54	43	97	10185	
7	5	李圣波	2009/10/23	良	保湿精华露	48瓶/箱	115	39	46	85	9775	
8	6	孔波	2016/9/1	一般	柔肤水	48瓶/件	85	21	32	53	4505	
9	7	王佳佳	2011/7/9	良	保湿乳液	48瓶/件	98	30	34	64	6272	
10	8	龚平	2010/11/18	良	保湿日霜	48瓶/件	95	42	43	85	8075	
11												

图4-3-3　文本运算符的使用

- 比较运算符：比较运算符包括：＝(等于)、＞(大于)、＜(小于)、＞＝(大于等于)、＜＝(小于等于)、＜＞(不等于)。比较运算的返回值只有两种：TRUE(真)和FALSE(假)。例如：表达式“3=10”，结果是FALSE。
- 引用运算符：引用运算符有冒号“:”(区域运算符)、逗号“,”(并集运算符)和空格“　”(交集运算符)三种。区域运算符用来定义一个区域，例如：C3到E10区域共包括24个单元格，可以表示为“C3:E10”。并集运算符用来定义两个或更多单元格区域的集合，例如：“A1:B5,C1,C5”表示A1～B5和C1、C5共12个单元格区域的集合。交集运算符用来定义同时隶属于两个区域的单元格引用，例如：“A1:B5　B4:B7”表示单元格B4、B5两个单元格的集合。

2) 运算符的优先级

Excel 中不同的运算符具有不同的优先级，如表 4-3-1 所示，同级运算符遵从“由左到右”的运算原则，括号内的表达式优先计算。

表4-3-1　运算符的优先级

运算符的优先级(从高到低)	说明
区域运算符	冒号
并集运算符	逗号
交集运算符	空格
－	负号
%	百分号
^	指数
* 和 /	乘、除
+、－	加、减
&	文本连接符
=、＜、＞、＜=、＞=、＜＞	比较运算符

二、使用函数对业绩表进行计算

在使用 Excel 处理表格数据的时候，常常要用到它的函数功能来自动统计计算表格中的数据。Excel 2016 提供了几百个预定义函数，包括常用函数、财务函数、日期与时间函数等，可以完成各种计算。

函数包含两部分：函数名和参数表。参数表总是用括号括起来，它包括函数计算所需的数据。

1. 使用函数向导来输入

对于初学者，通常使用函数向导输入函数，以"销售业绩表"为例，具体操作步骤如下：

(1) 选中要输入函数的单元格，如选择 J3 单元格。

(2) 执行【公式】/【函数库】/【插入函数】命令，或单击编辑栏的【函数】按钮 *fx*，弹出如图 4-3-4 所示的对话框。在【选择函数】列表框中选择所需的函数，例如选择求和函数 SUM。

(3) 单击【确定】按钮，弹出【函数参数】对话框，单击文本框右侧的【折叠】按钮，用鼠标选择所用的数据单元格或单元格区域，也可以在【Number1】文本框中输入数据 H3:I3，

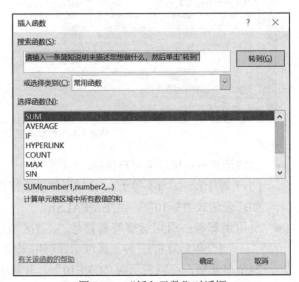

图4-3-4 "插入函数"对话框

或者在【Number1】中输入 H3、【Number2】中输入 I3，如图 4-3-5 所示。

图4-3-5 【函数参数】对话框

(4) 如果有第二个数据区域，用同样方法输入到【Number】文本框中。

(5) 单击【确定】按钮，完成函数的输入，在 J3 单元格中会自动计算出 SUM 函数的结果值"25"，如图 4-3-6 所示。

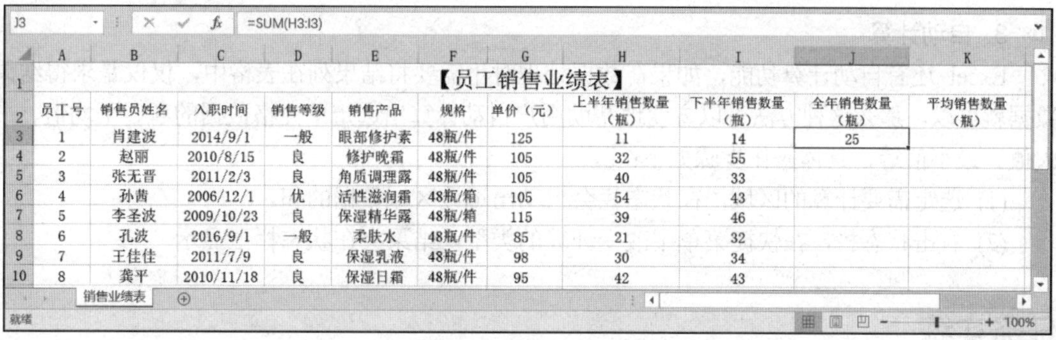

图4-3-6　函数计算结果

下面几个常用函数的用法与 SUM( )函数相同，功能介绍如下：

- AVERAGE( )：求出所有参数的算术平均值。
- MAX( )：求出所有参数的最大值。
- MIN( )：求出所有参数的最小值。
- COUNT( )：统计某个单元格区域内含有数字的单元格数目。

另外，在选中的单元格中输入等号"="，单击函数列表框右边的下拉列表按钮，选择所需的函数，可以快速打开【函数参数】对话框，如图 4-3-7 所示。

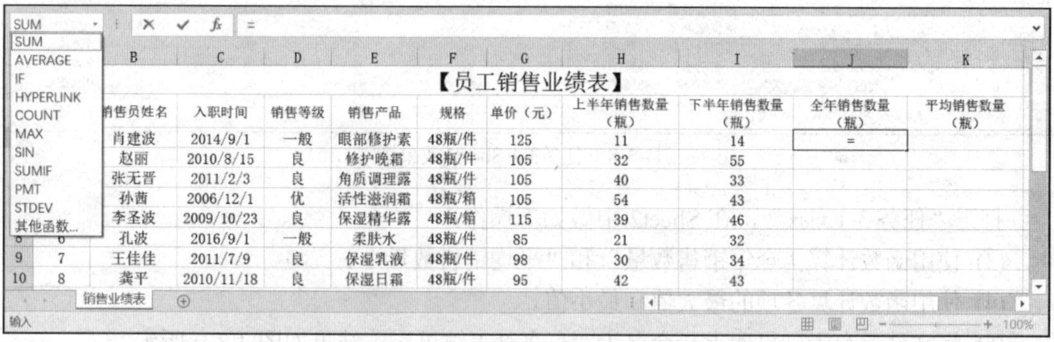

图4-3-7　在函数列表框中选取函数

2. 自动求和

求和是 Excel 最常用的计算。单击常用工具栏上的【自动求和】按钮Σ▼，可以快速自动求和。具体操作步骤如下：

(1) 选择需要求和的区域，包括下方的一个空行或右侧的一个空列。

(2) 单击【自动求和】按钮Σ▼，就会在下方空行或右侧空列中计算出求和结果。

如果进行其他运算，如求平均值，单击该按钮后面的黑三角号，在列表中可以选择相应运算。

要对不相邻的区域进行求和，可以先选定存放结果的单元格，例如 G10 单元格，再单击【自动求和】按钮，然后按住 Ctrl 键选择不相邻的区域或单元格，这时选中的区域将会用流动的虚线标识出，最后按回车键确定，即可得到计算的结果。

在【自动求和】按钮 Σ ▾ 右侧的下拉列表中还可以选择其他函数进行快速计算,例如选择平均值、计数、最大值和最小值函数等。

3. 自动计算

Excel 还有自动计算功能,如果在数据处理时不需要将结果列在表格中,仅仅是求得结果数据就可以,那么这种方法可以方便地帮助用户自动计算出选定单元格数据的和、平均值、最大值、最小值等,具体操作步骤如下:

(1) 选定需要计算的区域,在状态栏会自动出现该区域数据的和。

(2) 右击状态栏,在快捷菜单中改变计算的类型,结果会在状态栏上显示。

任务实练

1. "员工销售业绩表"的简单计算

打开"任务 3-1.xlsx",在 Sheet1 中做如下操作:

(1) 使用公式计算"全年销售数量"和"销售总额"。

(2) 使用公式计算"销售员等级"。结果如图 4-3-8 所示。

	A	B	C	D	E	F	G	H	I	J	K	L
1							【员工销售业绩表】					
2	员工号	销售员姓名	入职时间	销售等级	销售产品	规格	单价(元)	上半年销售数量(瓶)	下半年销售数量(瓶)	全年销售数量(瓶)	销售总额(元)	销售员等级
3	1	肖建波	2014/9/1	一般	眼部修护素	48瓶/件	125	11	14	25	3125	肖建波一般
4	2	赵丽	2010/8/15	良	修护晚霜	48瓶/件	105	32	55	87	9135	赵丽良
5	3	张无晋	2011/2/3	良	角质调理露	48瓶/件	105	40	33	73	7665	张无晋良
6	4	孙茜	2006/12/1	优	活性滋润霜	48瓶/箱	105	54	43	97	10185	孙茜优
7	5	李圣波	2009/10/23	良	保湿精华露	48瓶/箱	115	39	46	85	9775	李圣波良
8	6	孔波	2016/9/1	一般	柔肤水	48瓶/件	85	21	32	53	4505	孔波一般
9	7	王佳佳	2011/7/9	良	保湿乳液	48瓶/件	98	30	34	64	6272	王佳佳良
10	8	龚平	2010/11/18	良	保湿日霜	48瓶/件	95	42	43	85	8075	龚平良
11												

图4-3-8 任务3-1 Sheet1效果图

打开"任务 3-1.xlsx",在 Sheet2 中做如下操作:

(3) 使用函数计算"全年销售数量"和"平均销售数量"。

(4) 使用函数计算各项的最大值和最小值。

(5) 将文件另存为到桌面上,命名为"任务 3-1 结果"。结果如图 4-3-9 所示。

	A	B	C	D	E	F	G	H	I	J	K	L
1							【员工销售业绩表】					
2	员工号	销售员姓名	入职时间	销售等级	销售产品	规格	单价(元)	上半年销售数量(瓶)	下半年销售数量(瓶)	全年销售数量(瓶)	平均销售数量(瓶)	
3	1	肖建波	2014/9/1	一般	眼部修护素	48瓶/件	125	11	14	25	12.5	
4	2	赵丽	2010/8/15	良	修护晚霜	48瓶/件	105	32	55	87	43.5	
5	3	张无晋	2011/2/3	良	角质调理露	48瓶/件	105	40	33	73	36.5	
6	4	孙茜	2006/12/1	优	活性滋润霜	48瓶/箱	105	54	43	97	48.5	
7	5	李圣波	2009/10/23	良	保湿精华露	48瓶/箱	115	39	46	85	42.5	
8	6	孔波	2016/9/1	一般	柔肤水	48瓶/件	85	21	32	53	26.5	
9	7	王佳佳	2011/7/9	良	保湿乳液	48瓶/件	98	30	34	64	32	
10	8	龚平	2010/11/18	良	保湿日霜	48瓶/件	95	42	43	85	42.5	
11				最大值			125	54	55	97	49	
12				最小值			85	11	14	25	13	

图4-3-9 任务3-1 Sheet2效果图

2. "每日业绩统计表"的简单计算

(1) 打开"任务 3-2.xlsx"。

(2) 使用公式计算"理财产品合计"。

(3) 使用函数计算“理财产品平均值”，结果保留 2 位小数。

(4) 使用函数计算“业务量总和”“电子银行客户最大值”“员工总人数”。

(5) 将文件另存为到桌面上，命名为“任务 3-2 结果”。结果如图 4-3-10 所示。

	A	B	C	D	E	F	G	H	I	J
1	每日业绩统计表									
2	员工编号	员工姓名	当日推荐量	有效转介客户推荐量	业务量(笔)	贵宾卡(张)	电子银行(户)	理财产品(万)		
3	01	王建新	26	12	33	2	15	180		
4	02	张品为	30	16	51	0	14	69		
5	03	赵日辉	24	9	30	1	17	48		
6	04	刘鑫	18	5	28	0	20	65		
7	05	黄大玮	25	20	31	0	11	106		
8										
9										
10	理财产品合计:		468							
11	理财产品平均值:		93.60							
12	业务量总和:		173							
13	电子银行客户最大值:		20							
14	员工总人数:		5							
15										

图4-3-10　任务3-2效果图

任务总结

公式是一个等式，是一个包含了数据与运算符的数学方程式，主要包含了各种运算符、常量、函数以及单元格引用等元素。利用公式可以对工作表中的数值进行加、减、乘、除等各种运算，在输入公式时必须以“=”开始，否则 Excel 2016 会按照数据进行处理。

任务四　业绩表的数据处理

除了求和函数、求平均值等常用函数以外，IF 函数和 COUNTIF 函数在 Excel 数据计算时也会经常用到，方便按照不同的情况对单元格数据赋值。

任务情境

沈明对员工销售业绩表使用常用的求和、求平均值、最大值、最小值、计数这些操作之后，发现这些基本函数不能实现进一步的数据处理，因此还需要掌握 IF、COUNTIF 等高级函数。

任务展示

通过本任务学习，最终完成“员工销售业绩表”的数据处理，任务结果如图 4-4-1 所示。

图4-4-1 "员工销售业绩表"的数据处理效果图

任务实施

一、按条件计算业绩表

1. IF函数和COUNTIF函数

1) IF函数

IF(条件,结果1,结果2):对满足条件的数据进行处理,条件满足输出结果1,条件不满足则输出结果2。

"销售业绩表"中绩效奖金的计算就是使用 IF 函数实现的。绩效奖金是根据销售总额计算的,销售总额在 8000 元(含)以上的绩效奖金为 500 元,销售总额在 8000 元以下的绩效奖金为 100 元。

例如:"肖建波"的绩效奖金使用 IF 函数可以表示为=IF(I3>=8000,500,100),如图 4-4-2 所示。

图4-4-2 使用IF函数

在 IF 函数的结果值中还可以再使用 IF 函数,这称为 IF 函数的嵌套。"销售业绩表"中销售等级的计算使用了 IF 函数的嵌套。销售等级是根据销售总额计算的,销售总额在 10000 元(含)以上的销售等级为"优",销售总额在 5000 元至 10000 元之间的为"良",销售总额低于 5000元的为"一般"。例如:"肖建波"的销售等级计算使用 IF 函数的嵌套可以表示为=IF(I3>=10000,"优",IF(I3>=5000,"良","一般")),如图 4-4-3 所示。

图4-4-3 IF函数的嵌套

2) COUNTIF函数

COUNTIF(参数 1,参数 2)：统计单元格区域内满足某个条件的含有数字的单元格数目。其中，参数 1 表示要统计的区域，参数 2 表示统计的条件。

统计"销售业绩表"中销售总额超过 10000 元的人数，计算公式为=COUNTIF(I3：I10,″>=10000″)，如图 4-4-4 所示。

	A	B	C	D	E	F	G	H	I	J	K
					【员工销售业绩表】						
2	员工号	销售员姓名	入职时间	销售等级	销售产品	规格	单价（元）	销售数量（瓶）	销售总额（元）	绩效奖金（元）	
3	1	肖建波	2014/9/1	一般	眼部修护素	48瓶/件	125	25	3125	100	
4	2	赵丽	2010/8/15	良	修护晚霜	48瓶/件	105	87	9135	500	
5	3	张无晋	2011/2/3	良	角质调理露	48瓶/件	105	73	7665	100	
6	4	孙茜	2006/12/1	优	活性滋润霜	48瓶/箱	105	97	10185	500	
7	5	李圣波	2009/10/23	良	保湿精华露	48瓶/箱	115	85	9775	500	
8	6	孔波	2016/9/1	一般	柔肤水	48瓶/件	85	53	4505	100	
9	7	王佳佳	2011/7/9	良	保湿乳液	48瓶/件	98	64	6272	100	
10	8	龚平	2010/11/18		保湿日霜	48瓶/件	95	85	8075	500	
11				销售总额超过10000元的人数					1		

I11 ＝COUNTIF(I3:I10,">=10000")

图4-4-4 COUNTIF函数

统计"销售业绩表"中销售总额在 5000 元至 10000 元之间的人数，计算公式为=COUNTIF(I3：I10,″>=5000″)-COUNTIF(I3：I10,″>=10000″)。

统计"销售业绩表"中销售总额在 5000 元以下的人数，计算公式为=COUNTIF(I3：I10,″<5000″)。

2. 其他函数

Excel 中提供了丰富的函数，除了任务中介绍的 IF 函数和 COUNTIF 函数外，下面再介绍几种常用函数。

1) ABS函数

ABS 函数的功能是求给定数值的绝对值。使用格式为 ABS(数值)，例如："=ABS(-5.36)"是求数值"-5.36"的绝对值，计算结果为"5.36"。括号中的数值也可以是单元格引用。

2) INT函数

INT 函数的功能是将数值向下取整为最接近的整数。使用格式为 INT(数值)，例如

"=INT(5.8)"是求数值"5.8"向下最接近的整数,计算结果为"5";再如"=INT(-5.3)",计算结果为"-6"。括号中的数值也可以是单元格引用。

3) ROUND函数

ROUND(参数1,参数2)返回参数1,按照参数2指定位数取整后的数字。参数1是需要进行四舍五入的数字;参数2指定位数,按此位数进行四舍五入。例如:ROUND(5.343,2)的结果值是把"5.343"四舍五入,保留两位小数,即"5.34"。

二、依据他表数据计算业绩表

不同工作表间的数据引用

在"销售业绩表"中,请假扣款的计算是使用"考勤表"中"请假天数"的具体信息。切换到"考勤表",如图4-4-5所示。

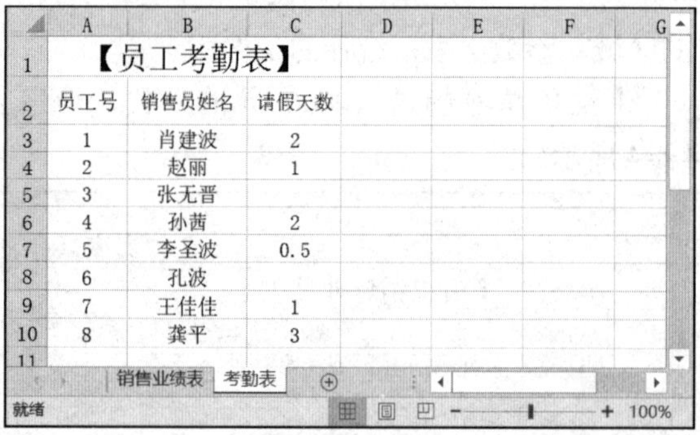

图4-4-5 考勤表

例如:职工"肖建波"的请假天数数据位于"考勤表"的C3单元格中,在工资表中计算请假扣款时要引用"考勤表"中C3单元格中数据,因为不是在同一工作表中,所以引用时不能省略工作表名称,即表示为"考勤表!C3"。

请假扣款的计算标准为"基本工资/22*请假天数",职工"肖建波"的请假扣款计算用公式可以表示为"=J3/22*考勤表!C3"。为避免计算出的数据小数位数过多,使用ROUND函数对求得的数据取整,舍去小数位,因此职工"肖建波"的请假扣款计算公式最终表示为"=ROUND(J3/22*考勤表!C3,0)",如图4-4-6所示。

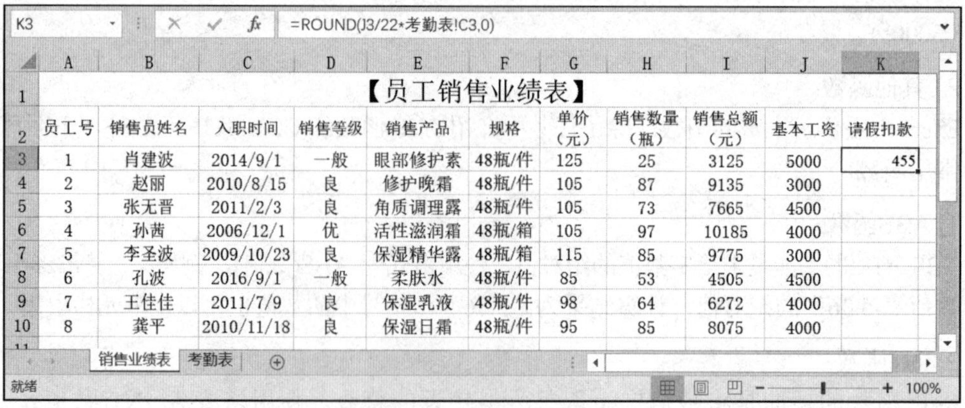

图4-4-6 计算表数据

任务实练

1. "员工销售业绩表"的数据处理

打开"任务 4-1.xlsx"，在 Sheet1 中做如下操作：

(1) 用 IF 函数计算"绩效奖金"。(绩效奖金是根据销售总额计算的,销售总额在 8000 元(含)以上的绩效奖金为 500 元，销售总额在 8000 元以下的绩效奖金为 100 元。)

(2) 用 IF 嵌套函数计算"销售等级"。(销售等级是根据销售总额计算的,销售总额在 10000 元(含)以上的销售等级为"优"，销售总额在 5000 元至 10000 元之间的为"良"，销售总额低于 5000 元的为"一般"。)

(3) 用 COUNTIF 函数统计 3 类人数。结果如图 4-4-7 所示。

	A	B	C	D	E	F	G	H	I	J
1					【员工销售业绩表】					
2	员工号	销售员姓名	入职时间	销售等级	销售产品	规格	单价（元）	销售数量（瓶）	销售总额（元）	绩效奖金（元）
3	1	肖建波	2014/9/1	一般	眼部修护素	48瓶/件	125	25	3125	100
4	2	赵丽	2010/8/15	良	修护晚霜	48瓶/件	105	87	9135	500
5	3	张无晋	2011/2/3	良	角质调理露	48瓶/件	105	73	7665	100
6	4	孙茜	2006/12/1	优	活性滋润霜	48瓶/箱	105	97	10185	500
7	5	李圣波	2009/10/23	良	保湿精华露	48瓶/箱	115	85	9775	500
8	6	孔波	2016/9/1	一般	柔肤水	48瓶/件	85	53	4505	100
9	7	王佳佳	2011/7/9	良	保湿乳液	48瓶/件	98	64	6272	100
10	8	龚平	2010/11/18	良	保湿日霜	48瓶/件	95	85	8075	500
11	销售总额超过10000元的人数								1	
12	销售总额在5000元至10000元之间的人数								5	
13	销售总额在5000元以下的人数								2	

图4-4-7　任务4-1 Sheet1效果图

打开"任务 4-1.xlsx"，在 Sheet2 中做如下操作。

(4) 计算"请假扣款"。(请假扣款的计算是使用"考勤表"中"请假天数"的具体信息,请假扣款的计算标准为"基本工资/22*请假天数")

(5) 将文件另存为到桌面上，命名为"任务 4-1 结果"。结果如图 4-4-8 所示。

	A	B	C	D	E	F	G	H	I	J	K
1					【员工销售业绩表】						
2	员工号	销售员姓名	入职时间	销售等级	销售产品	规格	单价（元）	销售数量（瓶）	销售总额（元）	基本工资	请假扣款
3	1	肖建波	2014/9/1	一般	眼部修护素	48瓶/件	125	25	3125	5000	455
4	2	赵丽	2010/8/15	良	修护晚霜	48瓶/件	105	87	9135	3000	136
5	3	张无晋	2011/2/3	良	角质调理露	48瓶/件	105	73	7665	4500	0
6	4	孙茜	2006/12/1	优	活性滋润霜	48瓶/箱	105	97	10185	4000	364
7	5	李圣波	2009/10/23	良	保湿精华露	48瓶/箱	115	85	9775	3000	68
8	6	孔波	2016/9/1	一般	柔肤水	48瓶/件	85	53	4505	4500	0
9	7	王佳佳	2011/7/9	良	保湿乳液	48瓶/件	98	64	6272	4000	182
10	8	龚平	2010/11/18	良	保湿日霜	48瓶/件	95	85	8075	4000	545

图4-4-8　任务4-1 Sheet2效果图

2. "每日业绩统计表"的数据处理

(1) 打开"任务 4-2.xlsx"。

(2) 使用 IF 函数计算"办理贵宾卡"(有/无)。

(3) 使用 IF 函数计算"业务能力等级"(小于 30：不合格；大于 50：良好；其他：合格)。

(4) 使用 COUNTIF 计算"业务能力等级为不合格人数"。

(5) 使用 COUNTIF 计算"未办理贵宾卡人数"。

(6) 将文件另存为到桌面上，命名为"任务 4-2 结果"。结果如图 4-4-9 所示。

员工编号	员工姓名	当日推荐量	有效转介客户推荐量	业务量（笔）	业务能力等级	贵宾卡（张）	办理贵宾卡	电子银行（户）	理财产品（万）
01	王建新	26	12	33	合格	2	有	15	180
02	张品为	30	16	51	良好	0	无	14	69
03	赵日辉	24	9	30	合格	1	有	17	48
04	刘鑫	18	5	28	不合格	0	无	20	65
05	黄大玮	25	20	31	合格	0	无	11	106
业务能力等级为不合格人数：		1							
未办理贵宾卡人数：		3							

每日业绩统计表

图4-4-9 任务4-2效果图

任务总结

本任务介绍了 IF 函数和 COUNTIF 函数的使用，以及不同工作表间的数据引用。

任务五　给业绩表添加图表

任务情境

沈明将"员工销售业绩表"中的数据进行计算和数据处理之后，如何将数据的变化体现出来，更直观地进行数据的对比呢?沈明决定利用 Excel 中的图表功能来制作图表。

任务展示

本任务通过学习，最终完成"员工销售业绩表"的图表制作，结果如图 4-5-1 所示。

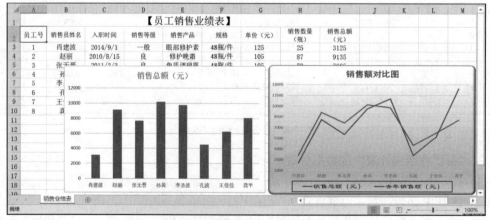

图4-5-1 "员工销售业绩表"的图表制作效果图

任务实施

一、为业绩表添加图表

1. 认识图表

Excel 提供了强大的图表功能，可以在工作表中插入各种类型的图表：柱形图、饼图、折线图等。Excel 中每种图表类型的应用情况也不同，下面着重介绍以下几种图表的应用情况。

1) 柱形图、条形图、圆柱图、圆锥图和棱锥图

柱形图是 Excel 中的默认图表类型，也是用户经常使用的一种图表类型。柱形图反映一段时间内数据的变化，或者不同项目之间的对比。条形图也是显示各个项目之间的对比，与柱形图不同的是：其分类轴设置在纵轴上，而柱形图则设置在横轴上。圆柱图、圆锥图和棱锥图的功能与柱形图十分相似。

2) 折线图

折线图常用来分析数据随时间的变化趋势，也可用来分析比较多组数据随时间变化的趋势。

3) 饼图

饼图常用来显示组成数据系列的项目在项目总和中所占的比例，通常只显示一个数据系列。

4) 股价图

股价图主要用来判断股票或期货市场的行情，描述一段时间内股票或期货的价格变化情况。其中的开盘-盘高-盘低-收盘图也称 K 线图，是股市上判断股票行情最常用的技术分析工具之一。

2. 创建图表

根据创建图表的位置不同，可以分为嵌入式图表和工作表图表两种。

嵌入式图表浮在工作表的上面，在工作表的绘图层中。嵌入式图表和其他绘图对象一样，可以移动位置、改变大小和比例、调整边界等。

创建工作表图表时，图表会占据整张工作表。如果需要在一页中打印图表，那么使用工作表图表是一个较好的选择。

1) 使用【图表】选项组

在"销售业绩表"中选择需要创建图表的单元格区域 B2:B10 和 I2:I10，执行【插入】选项卡【图表】选项组中的【插入柱形图】/【二维柱形图】/【簇状柱形图】命令，在下拉列表中选择相应的图表样式即可，如图 4-5-2 所示。

2) 使用【插入图表】对话框

在"销售业绩表"中选择需要创建图表的单元格区域 B2:B10 和 I2:I10，执行【插入】/【图表】/【推荐的图表】命令，在弹出的【插入图表】对话框中选择【所有图表】/【条形图】/【三维簇状条形图】，如图 4-5-3 所示。

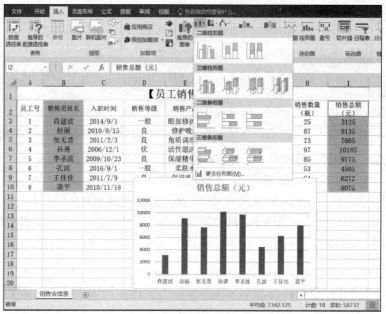

图4-5-2　插入图表

图4-5-3　选择图表类型

二、编辑图表

图表依赖于工作表中的数据，当工作表中的数据发生变化时，图表便会更新。

1. 改变图表的类型

在前面，为"销售业绩表"建立的是三维簇状条形图表。如果需要更改图表的类型，例如将"销售业绩表"图表改为"折线图"，具体操作步骤如下：

(1) 选定要改变类型的"销售业绩表"图表。

(2) 右击在弹出的快捷菜单中选择【更改图表类型】，如图 4-5-4 所示，在弹出的对话框中选择【折线图】，如图 4-5-5 所示。

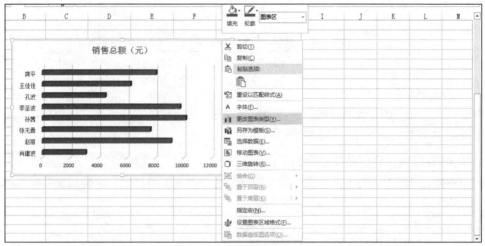

图4-5-4　修改图表类型

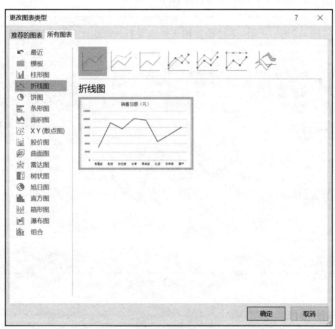

图4-5-5　【更改图表类型】对话框

(3) 单击【确定】按钮，完成修改，结果如图 4-5-6 所示。

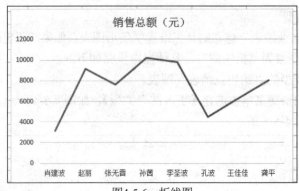

图4-5-6 折线图

2. 添加数据系列

对于一幅图表，在必要的时候需要增加数据系列。为了提高工作效率，可以使用拖动法、复制/粘贴法和源数据命令法，增加数据系列。

1) 复制/粘贴法。具体操作步骤如下：

(1) 在 J 列中输入"去年销售额"相关数据，选中"去年销售额"中待增加数据的单元格区域 J2:J10。

(2) 单击【复制】按钮。

(3) 选定要增加数据的图表。

(4) 单击【粘贴】按钮，效果如图 4-5-7 所示。

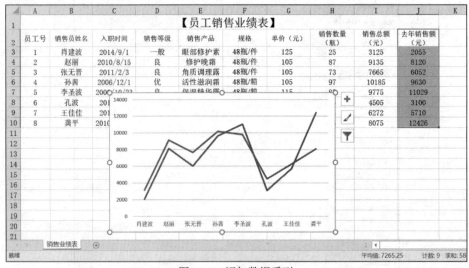

图4-5-7 添加数据系列

2) 拖动法。具体操作步骤如下：

(1) 选定待增加数据的单元格区域(包括行号、列标，而且这些单元格必须相邻)。

(2) 把鼠标指向选定的区域边界，当光标变为箭头形状时，按下鼠标左键，将选定的单元格拖动到图表中就行了。

3) 使用源数据命令。具体操作步骤如下：

(1) 选定图表，在图表上右击，在弹出的快捷菜单中选择【选择数据源】选项。

(2) 在弹出的【选择数据源】对话框中，单击【添加】按钮，如图 4-5-8 所示。

(3) 在弹出的【编辑数据系列】对话框的【系列名称】文本框中输入或选择系列数据的名称(J2 单元格)，在【系列值】文本框中输入或选择系列数据的值(J3:J10)，单击【确定】按钮，如图 4-5-9 所示。

(4) 在【选择数据源】对话框中单击【确定】按钮。

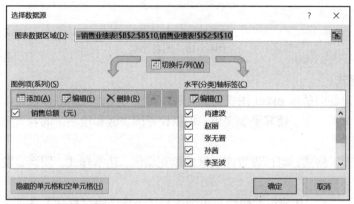

图4-5-8　【选择数据源】对话框

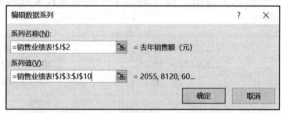

图4-5-9　【编辑数据系列】对话框

3. 删除数据系列

有以下两种方法：

● 删除工作表中的数据即删除了图表中的数据。

● 选中图表，单击要删除的数据系列，使选中的系列上有标记，然后按Delete键即可删除。

4. 增加或减少图表元素

图表虽是一个整体，但也是一个组合体，它由各个元素组成，其中包括坐标轴、图例、标题、数据标签、绘图区、数据系列等，而对于这些图表元素，用户可以根据需要进行增加或减少。具体操作步骤如下：

(1) 选定图表，在图表右上角出现一个加号，即为【图表元素】按钮。

(2) 单击激活的【图表元素】按钮，在弹出的图表元素库中可根据需要选中或取消相应的复选框，如图 4-5-10 所示。

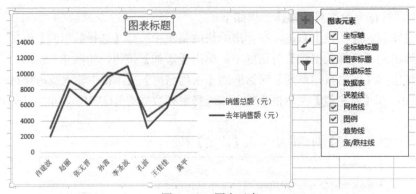

图4-5-10　图表元素

5. 图表区格式

要想使已经建好的基本 Excel 图表更加美观，需要对图表重新进行设置。图表区和绘图区是本身就存在的背景，为了使其更加突出，可以设置图表区和绘图区的背景颜色，让图表更改美观、醒目。

通过设置图表区格式，可以设置图表区的填充颜色、边框样式、阴影、发光和三维格式等效果。具体操作步骤如下：

(1) 在图表上右击，在弹出的快捷菜单中选择【设置图表区格式】选项。

(2) 弹出【设置图表区格式】窗格，可分别在【填充线条】、【效果】、【大小属性】中设置各个选项，如图 4-5-11 所示。

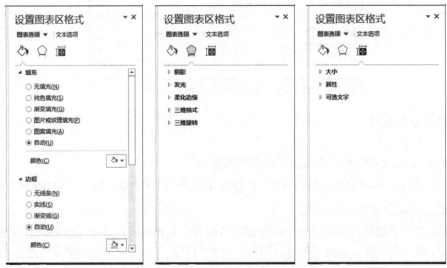

图4-5-11　【设置图表区格式】窗格

6. 设置坐标轴格式

坐标轴是标识图表数据类别的坐标线，用户可以在设置坐标轴格式时设置坐标轴的数字类别与对齐方式。具体操作步骤如下：

(1) 在图表上双击坐标轴，在【设置坐标轴格式】窗格中打开坐标轴选项中的【坐标轴选项】选项卡。

(2) 可分别在【填充线条】【效果】【大小属性】【坐标轴选项】中设置各个选项，如图4-5-12所示。

图4-5-12　【设置坐标轴格式】窗格的【坐标轴选项】

任务实练

1. 为"员工销售业绩表"制作图表

打开"任务5-1.xlsx"，做如下操作：

(1) 选择"销售员姓名"和"销售总额"两列数据，使用【图表】选项组制作簇状柱形图。

(2) 选择"销售员姓名"和"销售总额"两列数据，使用【插入图表】对话框制作三维簇状条形图，结果如图4-5-13所示。

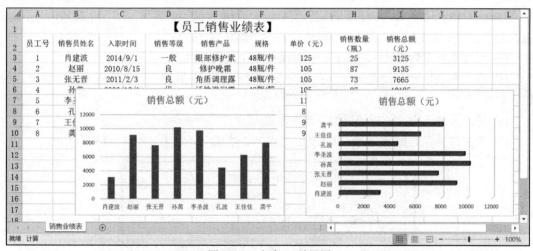

图4-5-13　任务5-1效果图

(3) 将"三维簇状条形图"图表类型更改为"折线图"。

(4) 将"去年销售额"列的数据添加到图表中。

(5) 增加两个图表元素："图表标题"和"图例"。

(6) 将"图表标题"设置为：销售额对比图。设置字体格式为：黑体、加粗、18号字。

(7) 设置图表区格式为：填充(渐变填充)；边框(实线、深蓝色、圆角)；三维格式(顶部棱台、圆)；大小(高度10cm、宽度15cm)。

(8) 置图例格式为：图例位置(靠下)。字体格式为：隶书、16号字。边框(1.5磅实线)。

(9) 设置垂直坐标轴格式为：边界(最小值 1000，最大值 13000)；单位(主要刻度单位 1500)。结果如图所示。

(10) 将文件另存为到桌面上，命名为"任务 5-1 结果"。结果如图 4-5-14 所示。

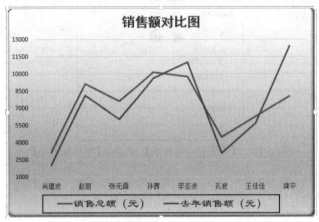

图4-5-14 "任务5-1结果"效果图

2. 为"每日业绩统计表"制作图表

(1) 打开"任务 5-2.xlsx"。

(2) 使用"员工姓名""业务量""理财产品"三列的数据创建一张"组合图"，并将"理财产品"设置为"次坐标轴"。

(3) 设置图表区格式：纹理填充(蓝色面巾纸)；边框(实线、深蓝色、2.5 磅、圆角)；发光(预设、发光变体：第 2 行第 1 个)；大小(高度 6cm、宽度 10cm)。

(4) 设置数据系列格式：将图表中折线的颜色更改为红色。

(5) 将"图表标题"设置为："业务量与理财产品对比图表"。字体格式为：仿宋、加粗、紫色。

(6) 增加图表元素：为折线增加"数据标签(居中)"。

(7) 将文件另存为到桌面上，命名为"任务 5-2 结果"。结果如图 4-5-15 所示。

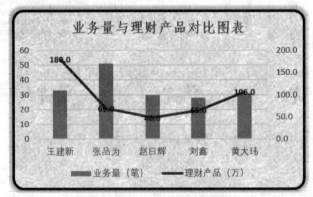

图4-5-15 "任务5-2结果"效果图

任务总结

在 Excel 2016 中，用户可以通过【图表】选项组与【插入图表】对话框两种方法，根据表格数据类型建立相应的图表。

创建完图表之后，为了使图表更美观，需要对图表进行编辑操作，例如更改图表类型、设置图表区格式、设置坐标轴格式等操作。

任务六　业绩表的数据管理与分析

Excel 除了能够制作表格，方便数据计算之外，还有强大的数据管理和分析功能。使用 Excel 能够对数据方便地实现排序、筛选、分类汇总和合并计算。

任务情境

领导交给沈明一项任务，根据工作需要，进一步对“员工销售业绩表”进行数据管理与分析，将对该表进行排序、筛选、分类汇总、合并计算的操作。

任务展示

本任务通过学习，最终完成“员工销售业绩表”的数据管理与分析，结果如图 4-6-1 所示。

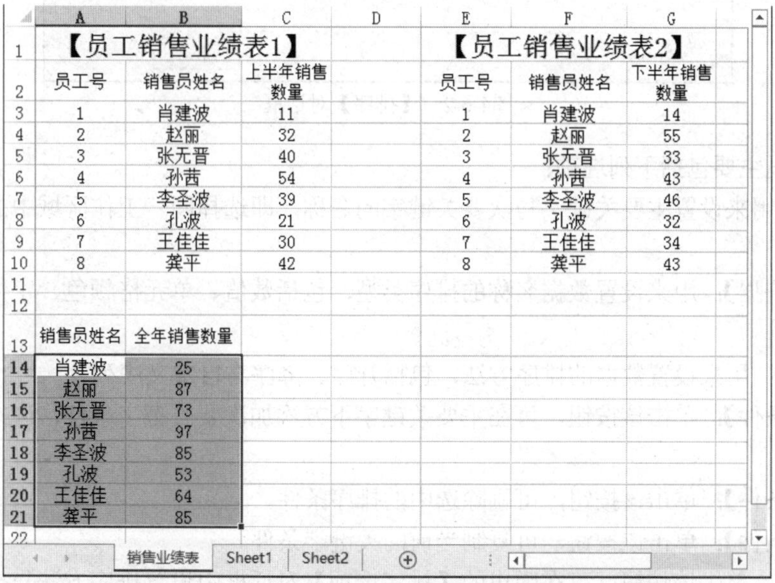

	A	B	C	D	E	F	G
1	【员工销售业绩表1】				【员工销售业绩表2】		
2	员工号	销售员姓名	上半年销售数量		员工号	销售员姓名	下半年销售数量
3	1	肖建波	11		1	肖建波	14
4	2	赵丽	32		2	赵丽	55
5	3	张无晋	40		3	张无晋	33
6	4	孙茜	54		4	孙茜	43
7	5	李圣波	39		5	李圣波	46
8	6	孔波	21		6	孔波	32
9	7	王佳佳	30		7	王佳佳	34
10	8	龚平	42		8	龚平	43
11							
12							
13	销售员姓名	全年销售数量					
14	肖建波	25					
15	赵丽	87					
16	张无晋	73					
17	孙茜	97					
18	李圣波	85					
19	孔波	53					
20	王佳佳	64					
21	龚平	85					
22							

图4-6-1　“员工销售业绩表”的数据管理与分析效果图

任务实施

一、排序业绩表

对 Excel 数据进行排序是数据分析不可缺少的组成部分。数据排序是把一列或多列无序的数据整理成按照指定关键字有序排列的数据，为进一步处理数据做好准备。对数据可以进行升序排序、降序排序和自定义排序。

1. 简单排序

如果要针对某一列数据进行排序，可以单击【升序】$^{A}_{Z}\downarrow$ 或【降序】按钮 $^{Z}_{A}\downarrow$ 进行操作。具体操作步骤如下：

(1) 选定要排序列中的任一单元格(选中 G2 单元格，对"单价"进行升序排序)。

(2) 执行【数据】/【排序和筛选】/【升序】或【降序】按钮。

2. 多重排序

对于多重排序操作，执行【数据】/【排序和筛选】/【排序】命令，弹出如图 4-6-2 所示的【排序】对话框。

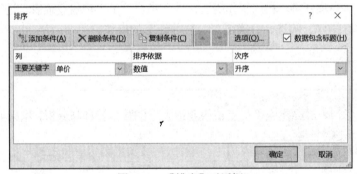

图4-6-2　【排序】对话框

该对话框主要包括下列选项：

【列】：用来设置主要关键字与次要关键字的名称，即选择同一工作区域中的多个数据名称。

【排序依据】：用来设置数据名称的排序类型，包括数值、单元格颜色、字体颜色与单元格图标。

【次序】：用来设置数据的排序方法，包括升序、降序与自定义序列。

【添加条件】：单击该按钮，可在主要关键字下方添加次要关键字条件，选择排序依据与顺序即可。

【删除条件】：单击该按钮，可删除选中的排序条件。

【复制条件】：单击该按钮，可复制当前的关键字条件。

【选项】：单击该按钮，可在弹出的【排序选项】对话框中设置排序方法与排序方向，如图 4-6-3 所示。

【数据包含标题】：选中该复选框，即可包含或取消数据区域内的列标题。

图4-6-3　【排序选项】对话框

3. 排序提醒

在表格中排序可分为两种情况：一种是对当前选定区域进行排序，另一种是对当前区域及其对应的扩展区域进行排序。对这两种排序方式的选择完全是由用户选择数据区域时决定的，当用户选择任意数据单元格进行排序时，系统会默认对整个数据区域排序；而当用户选择对数据单元格区域进行排序时，系统就会自动打开【排序提醒】对话框，如图 4-6-4 所示，让用户根据排序情况进行选择。

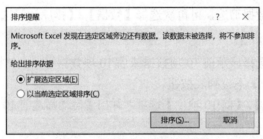

图4-6-4　【排序提醒】对话框

4. 恢复排序前的数据状态

如果想随时都能很容易地返回到工作表的原来次序，那么最好在排序操作之前增加一列，用来存放记录序列号。当需要恢复时，按此列排序就可使数据恢复原来状态。当然也可以保存一个文件副本，以备不时之需。

二、按条件筛选业绩表

筛选是从工作表中查找和分析具备特定条件数据的快捷方法。经过筛选的工作表，只显示满足条件的行，条件可以针对某列指定。Excel 提供了两种筛选命令：自动筛选和高级筛选。

1. 自动筛选

自动筛选适用于简单条件，通常是在一个工作表的一列中查找相同的值。利用自动筛选功能，可以在具有大量数据的工作表中快速找出符合多重条件的记录，自动筛选的具体操作步骤如下：

(1) 单击需要筛选的数据工作表中的任一单元格。

(2) 执行【数据】/【排序和筛选】/【筛选】命令，工作表顶部的字段名变为下拉列表框，如图 4-6-5 所示。

(3) 从需要筛选的列标题下拉列表中，选择需要的选项，这里包含【文本筛选】、【数字筛选】、【日期或时间筛选】。

(4) 单击需要显示的数值或条件的复选框，就完成了自动筛选。

		【员工销售业绩表】								
员工号	销售员姓名	入职时间	销售等级	销售产品	规格	单价	上半年销售数量	下半年销售数量	全年销售数量	平均销售数量
1	肖建波	2014/9/1	一般	眼部修护素	48瓶/件	125	11	14	25	12.5
2	赵丽	2010/8/15	良	修护晚霜	48瓶/件	105	32	55	87	43.5
3	张无晋	2011/2/3	良	角质调理霜	48瓶/件	105	40	33	73	36.5
4	孙茜	2006/12/1	优	活性滋润霜	48瓶/箱	105	54	43	97	48.5
5	李圣波	2009/10/23	良	保湿精华露	48瓶/箱	115	39	46	85	42.5
6	孔波	2016/9/1	一般	柔肤水	48瓶/件	85	21	32	53	26.5
7	王佳佳	2011/7/9	良	保湿乳液	48瓶/件	98	30	34	64	32
8	龚平	2010/11/18	良	保湿日霜	48瓶/件	95	42	43	85	42.5

图4-6-5 "自动筛选"示例

如果要取消某一列的筛选，单击该列的自动筛选箭头，从下拉列表框中选中【全选】复选框。

如果想要取消全部数据筛选，可再次选择【数据】/【排序和筛选】/【筛选】命令即可。

2. 自动筛选前10项

使用自动筛选可以选择显示前10项数据或后10项数据等，具体操作步骤如下：

(1) 单击【自动筛选】下拉列表按钮。

(2) 选择【数字筛选】/【前10项…】选项，弹出【自动筛选前10个】对话框，如图4-6-6所示。

(3) 在【显示】的三个下拉列表框中，在第一个下拉列表框中可选择"最大""最小"两个选项；在第二个下拉列表框中可输入的数字为1～500；在第三个下拉列表框中可选择"项"和"百分比"。例如选择"最大10项"，即可实现显示最大的前10个数据。

(5) 单击【确定】按钮，完成筛选。

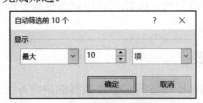

图4-6-6 【自动筛选前10个】对话框

3. 自动筛选高于/低于平均值的数据

使用自动筛选可以选择显示高于平均值或低于平均值的数据，具体操作步骤如下：

(1) 单击【自动筛选】下拉列表按钮。

(2) 选择【数字筛选】/【高于平均值】(【低于平均值】)选项，如图4-6-7所示，完成筛选。

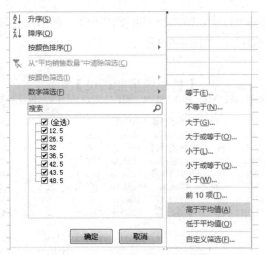

图4-6-7　【高于平均值】选项

4. 自定义自动筛选

在筛选过程中，自定义自动筛选可以实现只显示自定义条件的数据，具体操作步骤如下：

(1) 单击【自动筛选】下拉列表按钮。

(2) 选择【数字筛选】/【自定义筛选】选项，弹出【自定义自动筛选方式】对话框，例如在【平均销售数量】中筛选"大于40"的产品，如图4-6-8所示。

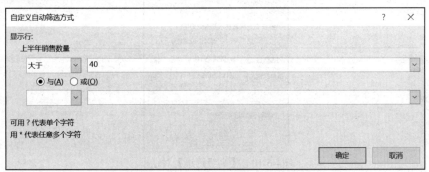

图4-6-8　【自定义自动筛选方式】对话框

(3) 单击【确定】按钮，完成筛选。

5. 高级筛选

如果工作表中的字段比较多，筛选条件也比较多，就可以使用"高级筛选"功能来筛选数据。

要使用高级筛选功能，必须创建一个条件区域，用来指定筛选的数据需要满足的条件。条件区域的第一行是作为筛选条件的字段名，这些字段名必须与工作表中的字段名完全相同，条件区域的其他行用来输入筛选条件。

条件区域必须与工作表相距至少一个空白行或列，具体操作步骤如下：

(1) 在工作表中复制含有待筛选值字段的字段名。

(2) 将字段名粘贴到条件区域的第一空行中，例如将"规格"和"单价"分别复制到单元格H12和I12中。

(3) 在条件标志下面的一行中，键入所要匹配的条件，在单元格 H13 中输入"48 瓶/件"，在单元格 I13 中输入">100"，如图 4-6-9 所示。

	A	B	C	D	E	F	G	H	I	J	K
1					【员工销售业绩表】						
2	员工号	销售员姓名	入职时间	销售等级	销售产品	规格	单价	上半年销售数量	下半年销售数量	全年销售数量	平均销售数量
3	1	肖建波	2014/9/1	一般	眼部修护素	48瓶/件	125	11	14	25	12.5
4	2	赵丽	2010/8/15	良	修护晚霜	48瓶/件	105	32	55	87	43.5
5	3	张无晋	2011/2/3	良	角质调理露	48瓶/件	105	40	33	73	36.5
6	4	孙茜	2006/12/1	优	活性滋润霜	48瓶/箱	105	54	43	97	48.5
7	5	李圣波	2009/10/23	良	保湿精华露	48瓶/件	115	39	46	85	42.5
8	6	孔波	2016/9/1	一般	柔肤水	48瓶/件	85	21	32	53	26.5
9	7	王佳佳	2011/7/9	良	保湿乳液	48瓶/件	98	30	34	64	32
10	8	龚平	2010/11/18	良	保湿日霜	48瓶/件	95	42	43	85	42.5
11											
12								规格	单价		
13								48瓶/件	>100		
14											

销售业绩表

图4-6-9　条件设置

(4) 单击工作表数据区中的任一单元格。

(5) 选择【数据】/【排序和筛选】/【高级】命令，打开如图 4-6-10 所示的对话框。

图4-6-10　【高级筛选】对话框

(6) 在【条件区域】编辑框中输入条件区域的引用(包括条件标志)，也可使用鼠标选中。【列表区域】用鼠标选中 A2:K10 区域，【条件区域】用鼠标选中 H12:I13 区域。

(7) 如果不想显示重复的记录，可选中【选择不重复的记录】复选框。设置完成后，单击【确定】按钮，筛选结果如图 4-6-11 所示。

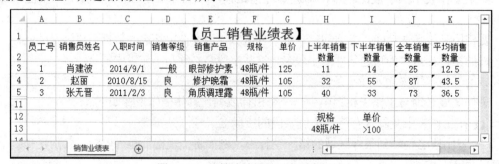

图4-6-11　将筛选结果显示在原有区域

(8) 如果选中【将筛选结果复制到其他位置】，对话框将变为如图 4-6-12 所示的对话框。

图4-6-12　将筛选结果复制到其他位置

(9) 在文本框中输入要复制到的区域，或用鼠标选中，单击【确定】按钮，即可将结果显示在要复制到的区域。

(10) 若要取消高级筛选，选择【数据】/【排序和筛选】/【清除】命令即可。

三、分类汇总业绩表

在对表格数据或数据进行分析处理时，往往需要对其进行汇总，还要插入带有汇总信息的行。Excel 2016 提供的分类汇总功能将使这一工作变得非常简单，它能自动插入汇总信息行，而不需要人工进行操作。

1．分类汇总

分类汇总功能可以自动对所选数据进行汇总，并插入汇总行。汇总方式灵活多样，可以求和、求平均值、求最大值、求标准方差等，能满足用户多方面的需要。下面就以"销售业绩表"为例，介绍对数据进行分类汇总的具体操作步骤。

(1) 分类汇总前，必须按照分类字段进行排序。例如：按照"销售等级"分类，对"全年销售数量"进行"求平均值"分类汇总，因而首先要按照"销售等级"进行排序。

(2) 选定工作表，执行【数据】/【分级显示】/【分类汇总】命令，弹出【分类汇总】对话框。在【分类字段】下拉列表框中选择"销售等级"选项，在【汇总方式】下拉列表框中选择"平均值"选项，在【选定汇总项】列表框中选中"全年销售数量"复选项，如图 4-6-13 所示。

图4-6-13　【分类汇总】对话框

(3) 单击【确定】按钮，结果如图 4-6-14 所示。

1 2 3		A	B	C	D	E	F	G	H	I	J	K
	1				【员工销售业绩表】							
	2	员工号	销售员姓名	入职时间	销售等级	销售产品	规格	单价	上半年销售数量	下半年销售数量	全年销售数量	平均销售数量
	3	2	赵丽	2010/8/15	良	修护晚霜	48瓶/件	105	32	55	87	43.5
	4	3	张无晋	2011/2/3	良	角质调理露	48瓶/件	105	40	33	73	36.5
	5	5	李圣波	2009/10/23	良	保湿精华露	48瓶/箱	115	39	46	85	42.5
	6	7	王佳佳	2011/7/9	良	保湿乳液	48瓶/件	98	30	34	64	32
	7	8	龚平	2010/11/18	良	保湿日霜	48瓶/件	95	42	43	85	42.5
	8				良 平均值						78.8	
	9	1	肖建波	2014/9/1	一般	眼部修护素	48瓶/件	125	11	14	25	12.5
	10	6	孔波	2016/9/1	一般	柔肤水	48瓶/件	85	21	32	53	26.5
	11				一般 平均值						39	
	12	4	孙茜	2006/12/1	优	活性滋润霜	48瓶/箱	105	54	43	97	48.5
	13				优 平均值						97	
	14				总计平均值						71.125	
	15											

销售业绩表

图4-6-14 分类汇总效果图

2. 分类汇总的嵌套

上面的工作表经过分类汇总后，得到了一个较为满意的结果，但是，在上面的工作表中能否再计算出"上半年销售数量"及"下半年销售数量"的总和呢？Excel 2016 提供了这种汇总方法，这就是分类汇总的嵌套。在进行嵌套汇总的工作表中需要先进行排序，可以说，嵌套汇总是对排序和分类汇总功能的综合应用。嵌套汇总的具体操作步骤是：

(1) 选中上面的销售业绩表，按"销售等级"分类，对"上半年销售数量"和"下半年销售数量"进行"求和"分类汇总。

(2) 执行【数据】/【分级显示】/【分类汇总】命令，弹出【分类汇总】对话框。在【分类字段】下拉列表框中选择"销售等级"选项，在【汇总方式】下拉列表框中选择"求和"选项，在【选定汇总项】列表框中选择【上半年销售数量】和【下半年销售数量】复选框，取消【替换当前分类汇总】复选框，如图 4-6-15 所示。

图4-6-15 嵌套的分类汇总

(3) 单击【确定】按钮，结果如图 4-6-16 所示。

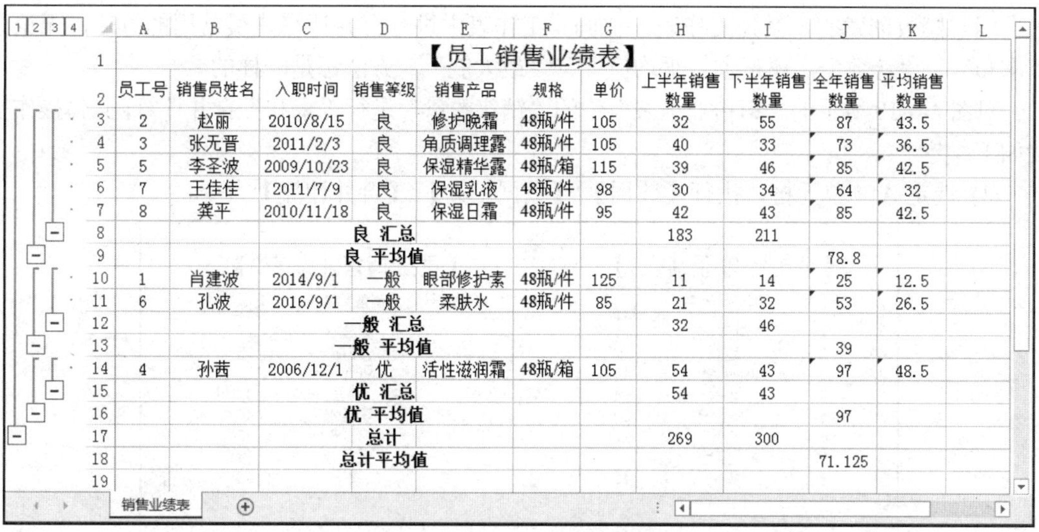

图4-6-16　嵌套的分类汇总效果图

3. 分级显示

进行分类汇总后，分类汇总表的左侧提供了显示或隐藏明细数据的功能。即工作表区域的左侧提供了显示明细数据的按钮、隐藏明细数据的按钮和数字按钮。通过数字按钮，将菜单分为几级，可按级显示。当上一级显示为明细状态时，才可以决定是否显示下一级，也可以按数字键显示该层。

在汇总显示结果表中，单击各级联按钮 ⊟ ，可以展开或隐藏结果数据，如图 4-6-17 所示。

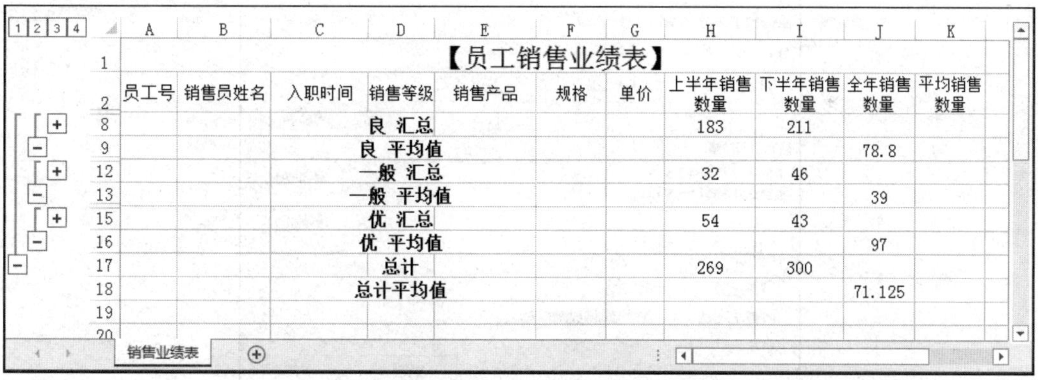

图4-6-17　分类汇总效果图

4. 删除分类汇总的方法

对数据进行分类汇总后，还可以恢复工作表的原始数据，具体操作步骤如下：

(1) 再次单击工作表，执行【数据】/【分级显示】/【分类汇总】命令。

(2) 在弹出的【分类汇总】对话框中单击【全部删除】按钮，即可恢复到原始数据状态。

四、业绩表的合并计算

1. 按位置合并计算

如果所有源数据具有相同的位置顺序，可以按位置进行合并计算。利用这种方式可以合并来自同一模板创建的一系列工作表。在同一工作表中进行合并计算是最常用的方法，无论是"求和"、"计数"，还是求"平均值"、"最大值"，方法都是一样的。

对图4-6-18所示的"销售业绩表"中的"销售数量"进行"求和"合并计算，具体操作步骤如下：

(1) 选定 A14 单元格，执行【数据】/【数据工具】/【合并计算】命令。

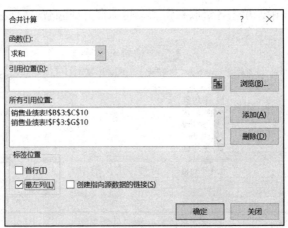

图4-6-18　销售业务表

(2) 打开【合并计算】对话框，如图 4-6-19 所示。在【函数】下拉列表框中选择【求和】选项。

图4-6-19　【合并计算】对话框

(3) 单击折叠按钮，然后用鼠标选择 B3:C10 区域，单击【添加】按钮添加到【所有引用位置】；用同样方法添加 F3:G10 区域。

(4) 在【标签位置】，选中【最左列】复选框，单击【确定】按钮。

这是在同一工作表中进行的合并计算，在不同的工作表中进行合并计算的方法与在同一工作表中进行合并计算的方法是一样的。不同的是，在【引用位置】文本框中，添加不同的工作表名和数据区域。

提示:

如果用户希望按源区域的首行字段进行汇总,需要勾选【标签位置】下的【首行】复选框。

如果用户希望按源区域的左列分类标记进行汇总,需要勾选【标签位置】下的【最左列】复选框。

2. 不同工作表间的合并计算

假设"员工销售业绩表"来自"上半年"、"下半年"两个表,用户要得到完整的"全年"数据表,就必须进行不同表间的合并计算,如图4-6-20所示。

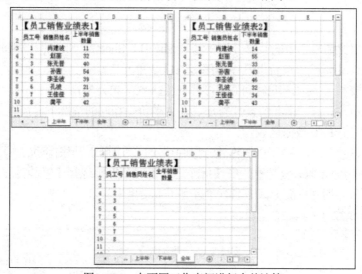

图4-6-20　在不同工作表间进行合并计算

具体操作步骤如下:

(1) 选中合并结果的"全年"工作表中的B3单元格,执行【数据】/【数据工具】/【合并计算】命令,在弹出的【合并计算】对话框中进行相应的设置,如图4-6-21所示。

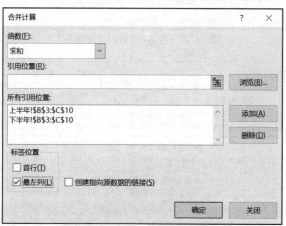

图4-6-21　【合并计算】对话框

(2) 单击"确定"按钮,完成合并计算。

在进行不同工作表间的合并计算时,往往由于数据的改变而影响合并计算表的准确性,因此需要更新合并计算的工作表。也就是说,当源数据改变时,希望Excel会自动更新合并计算表。

要实现该功能，在【合并计算】对话框中选中【创建指向源数据的链接】复选框。这样，当每次更新源数据时，就不必再执行一次【合并计算】选项。

任务实练

1. **"员工销售业绩表" 的数据管理与分析**

打开"任务6-1.xlsx"，做如下操作：

(1) 插入工作表：Sheet1、Sheet2、Sheet3、Sheet4。

(2) 将"销售业绩表"中的数据分别复制到 Sheet1、Sheet2、Sheet3、Sheet4 中。

(3) 在 Sheet1 中，按"单价"升序排序(选中 G2 单元格)。

(4) 在 Sheet2 中，按"入职时间"降序排序(选中 C2 单元格)。

(5) 在 Sheet3 中，按"单价"降序排序，在"单价"相同的情况下再按"全年销售数量"降序排序(选中 A2：K10 数据区域)。

(6) 在 Sheet4 中，进行无标题排序，按"列 B"的 "笔画"升序排序(选中 A3:K10 数据区域，取消【数据包含标题】复选框，在【排序选项】对话框中选择【笔画排序】)。

(7) 将文件另存为到桌面上，命名为"任务 6-1 结果"。

结果如图 4-6-22~图 4-6-25 所示。

图4-6-22　任务6-1 Sheet1效果图

图4-6-23　任务6-1 Sheet2效果图

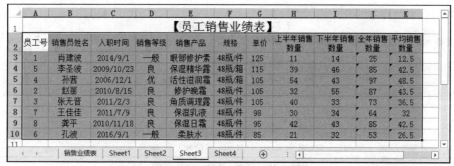

图4-6-24　任务6-1 Sheet3效果图

图4-6-25　任务6-1 Sheet4效果图

打开"任务 6-2.xlsx"，做如下操作：

(1) 插入工作表：Sheet1、Sheet2、Sheet3、Sheet4、Sheet5、Sheet6。

(2) 将"销售业绩表"中的数据分别复制到 Sheet1、Sheet2、Sheet3、Sheet4、Sheet5、Sheet6 中。

(3) 在 Sheet1 中，自动筛选出"销售等级"为"良"的数据。

(4) 在 Sheet2 中，自动筛选出"入职时间"在"2014/1/1"之后的数据。

(5) 在 Sheet3 中，自动筛选出"全年销售数量"介于"50"和"90"之间的数据。

(6) 在 Sheet4 中，自动筛选出"单价"最少的 3 个数据，并将结果按升序排序。

(7) 在 Sheet5 中，自动筛选出"全年销售数量"低于平均值的数据，并将结果按降序排序。

(8) 在 Sheet6 中，高级筛选出"规格"为"48 瓶/件"、"单价"大于"100"的数据。

(9) 将文件另存为到桌面上，命名为"任务 6-2 结果"。

结果如图 4-6-26~图 4-6-31 所示。

图4-6-26　任务6-2 Sheet1效果图

图4-6-27　任务6-2 Sheet2效果图

员工号	销售员姓名	入职时间	销售等级	销售产品	规格	单价	上半年销售数量	下半年销售数量	全年销售数量	平均销售数量
2	赵丽	2010/8/15	良	修护晚霜	48瓶/件	105	32	55	87	43.5
3	张无晋	2011/2/3	良	角质调理露	48瓶/件	105	40	33	73	36.5
5	李圣波	2009/10/23	良	保湿精华露	48瓶/箱	115	39	46	85	42.5
6	孔波	2016/9/1	一般	柔肤水	48瓶/件	85	21	32	53	26.5
7	王佳佳	2011/7/9	良	保湿乳液	48瓶/件	98	30	34	64	32
8	龚平	2010/11/18	良	保湿日霜	48瓶/件	95	42	43	85	42.5

图4-6-28　任务6-2 Sheet3效果图

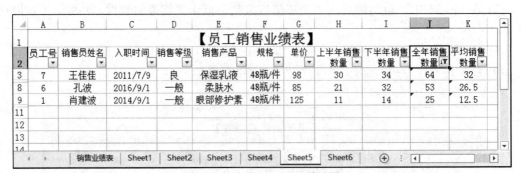

图4-6-29　任务6-2 Sheet4效果图

图4-6-30　任务6-2 Sheet5效果图

图4-6-31 任务6-2 Sheet6效果图

打开"任务6-3.xlsx",做如下操作:

(1) 插入工作表:Sheet1、Sheet2。

(2) 将"销售业绩表"中的数据分别复制到Sheet1、Sheet2中。

(3) 在Sheet1中,按照"规格"分类,对"单价"进行"求平均值"分类汇总。

(4) 在Sheet2中,按照"销售等级"分类,对"全年销售数量"进行"求平均值"分类汇总,再对"上半年销售数量"和"下半年销售数量"进行"求和"分类汇总。

(5) 将文件另存为到桌面上,命名为"任务6-3结果"。

结果如图4-6-32~图4-6-33所示。

图4-6-32 任务6-3 Sheet1效果图

图4-6-33 任务6-3 Sheet2效果图

打开“任务 6-4.xlsx”，做如下操作：

(1) 对“销售业绩表”中的数据进行合并计算。

(2) 将“上半年”和“下半年”两个工作表中的数据合并到“全年”工作表中。

(3) 将文件另存为到桌面上，命名为“任务 6-4 结果”。

结果如图 4-6-34 和图 4-6-35 所示。

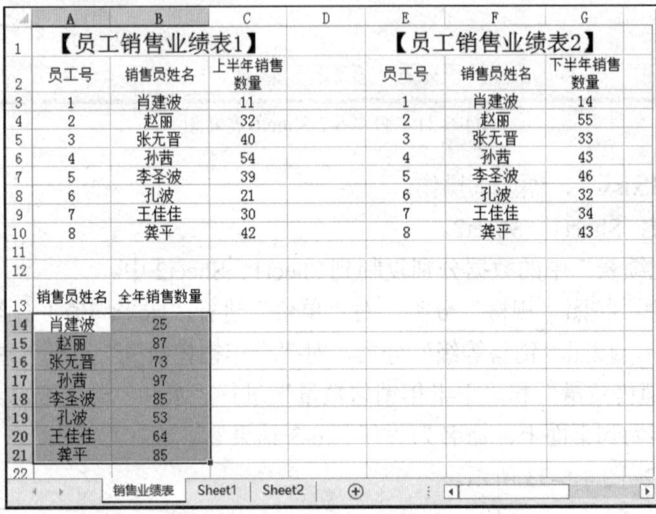

	A	B	C	D	E	F	G
1	【员工销售业绩表1】				【员工销售业绩表2】		
2	员工号	销售员姓名	上半年销售数量		员工号	销售员姓名	下半年销售数量
3	1	肖建波	11		1	肖建波	14
4	2	赵丽	32		2	赵丽	55
5	3	张无晋	40		3	张无晋	33
6	4	孙茜	54		4	孙茜	43
7	5	李圣波	39		5	李圣波	46
8	6	孔波	21		6	孔波	32
9	7	王佳佳	30		7	王佳佳	34
10	8	龚平	42		8	龚平	43
11							
12							
13	销售员姓名	全年销售数量					
14	肖建波	25					
15	赵丽	87					
16	张无晋	73					
17	孙茜	97					
18	李圣波	85					
19	孔波	53					
20	王佳佳	64					
21	龚平	85					

图4-6-34　任务6-4销售业绩表效果图

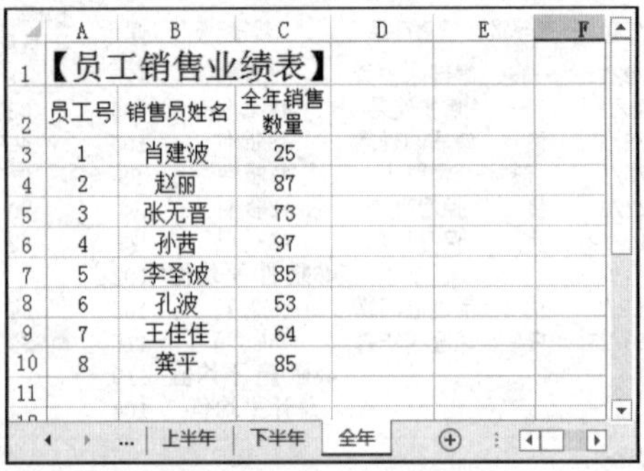

	A	B	C	D	E	F
1	【员工销售业绩表】					
2	员工号	销售员姓名	全年销售数量			
3	1	肖建波	25			
4	2	赵丽	87			
5	3	张无晋	73			
6	4	孙茜	97			
7	5	李圣波	85			
8	6	孔波	53			
9	7	王佳佳	64			
10	8	龚平	85			
11						

图4-6-35　任务6-4全年效果图

2. “每日业绩统计表”的数据管理与分析

(1) 打开“任务 6-5.xlsx”。

(2) 插入工作表：Sheet2、Sheet3。

(3) 将“业绩表”中的数据分别复制到 Sheet2、Sheet3 中。

(4) 在 Sheet1 中，按“理财产品”升序排序。

(5) 在 Sheet2 中，自动筛选出“贵宾卡”等于“0”，同时“业务量”小于“30”的数据。

(6) 在 Sheet3 中，在 A 列与 B 列中间插入 1 列，填充“性别”：女、男、男、女、男。按“性别”分类，对“当日推荐量”和“业务量”进行求平均值汇总。

(7) 将文件另存为到桌面上，命名为“任务 6-5 结果”。

结果如图 4-6-36~图 4-6-38 所示。

	员工姓名	当日推荐量	有效转介客户推荐量	业务量（笔）	贵宾卡（张）	电子银行（户）	理财产品（万）
			每日业绩统计表				
3	赵日辉	24	9	30	1	17	48
4	刘鑫	18	5	28	0	20	65
5	张品为	30	16	51	0	14	69
6	黄大玮	25	20	31	0	11	106
7	王建新	26	12	33	2	15	180

图4-6-36　任务6-5 Sheet1效果图

	员工姓名	当日推荐量	有效转介客户推荐量	业务量（笔）	贵宾卡（张）	电子银行（户）	理财产品（万）
			每日业绩统计表				
6	刘鑫	18	5	28	0	20	65

图4-6-37　任务6-5 Sheet2效果图

	员工姓名	性别	当日推荐量	有效转介客户推荐量	业务量（笔）	贵宾卡（张）	电子银行（户）
				每日业绩统计表			
3	张品为	男	30	16	51	0	14
4	赵日辉	男	24	9	30	1	17
5	黄大玮	男	25	20	31	0	11
6		男 汇总	79		112		
7	王建新	女	26	12	33	2	15
8	刘鑫	女	18	5	28	0	20
9		女 汇总	44		61		
10		总计	123		173		

图4-6-38　任务6-5 Sheet3效果图

任务总结

在 Excel 2016 中，用户可以使用默认的排序命令，对文本、数字、时间、日期等数据进行排序。另外，用户也可以根据需要对数据进行自定义排序。

筛选数据是从无序、庞大的数据清单中找出符合指定条件的数据，并删除无用的数据，从而帮助用户快速、准确地查找与显示有用数据。

用户可以运用 Excel 2016 的分类汇总功能，对数据进行统计汇总工作。分类汇总功能是 Excel 2016 根据数据自动创建公式，利用自带的求和、求平均值等函数实现分类汇总计算，并将计算结果显示出来。通过分类汇总功能，可以帮助用户快速而有效地分析种类数据。分类汇总的前提是，先按照分类字段进行排序。

合并计算与分类汇总的区别在于首列不用排序，这就提高了合并计算的灵活性；另外，分类汇总只能在原来的数据区域显示分类汇总结果，合并计算可以指定区域显示结果。

任务七　使用WPS制作财务预算表

WPS 表格像 Excel 一样，对数据的处理能力很强，可以对数据进行整理。WPS 表格还有很多应用展示的功能，有基础、绘图、函数、透视表、图表等。

任务情境

领导交给沈明的工作，沈明在单位没做完，他需要回家继续完成。由于沈明家里的电脑没安装 Excel 软件，只安装了 WPS 表格软件，沈明必须掌握 WPS 表格相关操作才完成工作。

任务展示

本任务通过学习，使用 WPS 表格最终完成"财务预算工作表"的制作，结果如图 4-7-1 所示。

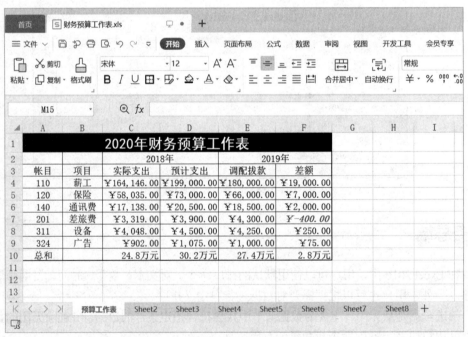

图4-7-1　"财务预算工作表"效果图

背景知识

WPS表格简介

1. 功能

- 新建Excel文档功能。
- 支持xls、xlt、xlsx、xltx、et、ett等格式的查看，包括加密文档。
- 支持sheet切换、行列筛选、显示隐藏的sheet、行、列。
- 支持醒目阅读——表格查看时，支持高亮显示活动单元格所在行列。
- 表格中可自由调整行高列宽，完整显示表格内容。
- 支持在表格中查看批注。
- 支持表格查看时，双指放缩页面。

2. 特点

- 体积小：WPS在保证功能完整性的同时，依然保持较同类软件体积最小，下载安装快速便捷。
- 功能易用：从中国人的思维模式出发，功能的操作方法设计得简单易用，良好的用使用体验，降低用户熟悉功能的门槛，提升用户工作效率，是最懂中国人的办公软件。
- 互联网化：大量的精美模板、在线图片素材、在线字体等资源，为用户轻松打造优秀文档。
- 文档漫游功能：很好地满足用户多平台、多设备的办公需求：在任何设备上打开过的文档，会自动上传到云端，方便用户在不同的平台和设备中快速访问同一文档。同时，用户还可以追溯同一文档的不同历史版本。

3. 在线资源

- 模板：上百个热门标签，多款模板不断更新。
- 素材：集合千万精品办公素材。还可以上传、下载、分享他人的素材，群组功能允许方便地将不同素材分类。按钮、图标、结构图、流程图等专业素材可将用户的思维和点子变成漂亮专业的图文格式付诸文档、演示和表格。
- 知识库：在WPS知识库频道，来自Office能手们的"智慧结晶"能够帮助用户解决一切疑难杂症。

4. 移动版WPS表格

强大的表格计算能力。支持 xls/xlsx 文档的查看和编辑，以及多种 Excel 加解密算法。已支持 305 种函数和 34 种图表模式，为解决手机输入法输入函数困难的问题，提供专用公式输入编辑器，方便用户快速录入公式。

任务实施

一、WPS表格的窗口组成

WPS 表格的窗口主要组成部分有：菜单栏、工具栏、编辑栏、工作簿窗口、标签栏、状态栏，如图 4-7-2 所示。

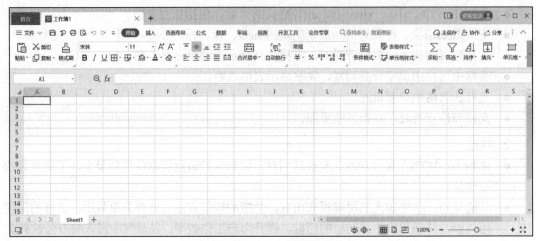

图4-7-2　WPS表格界面

1. 菜单栏

菜单栏提供了 WPS 表格应用软件的基本功能和基本命令，位于窗口的上方，用户只要从菜单栏中选定需要的项，即可执行相应的操作。WPS 表格的菜单栏有 9 个菜单栏，包含的菜单命令分别为：【开始】【插入】【页面布局】【公式】【数据】【审阅】【视图】【开发工具】【会员专享】。

2. 工具栏

工具栏具有与菜单栏类似的功能，但是使用起来更直观、更方便。

3. 编辑栏

编辑栏位于工具栏下方。编辑栏左端为单元格名称区，可以用来定义或指定编辑的单元格名称。编辑栏右端为编辑区，显示当前单元格的内容供编辑。编辑栏中间的 fx 用于插入函数(公式)。

4. 工作簿窗口

工作簿窗口的正中是当前工作表编辑区，是 WPS 表格的工作主体。新的工作簿通常是由 1 个工作表组成，初始时窗口显示第一个工作表，并默认为当前工作表。

工作表中间是单元格，其中有一个单元格是当前单元格。WPS 表格的操作都是针对当前工作表中的当前单元格进行的。工作表的左侧和上方有相应的行号栏和列标栏，用来表示单元格的地址。工作表的下方和右侧各有一个滚动条，可用来将屏幕滚动到工作表的其他区域，以显示出其他的单元格。

5. 标签栏

工作簿窗口的底部为工作表标签栏。通过单击某个标签，可以指定相应的工作表为当前工作表。单击标签左侧的滚动按钮，可以显示不同的工作标签，而向左或向右拖拽标签右侧的分隔条可减少或增加显示的标签个数。

6. 状态栏

状态栏位于窗口的底部。状态栏的左端显示的是与当前命令的执行情况有关的信息。右侧显示的是当前工作表的显示模式以及显示比例等信息。

二、WPS表格的特殊功能

WPS 表格是金山公司开发的一款国产办公软件，和微软 Excel 相比较，WPS 表格除了继承 Excel 表格 80%以上的功能外，还增加了在 Excel 中没有实现的功能，下面简单介绍如下几个功能：

1. 文件标签

受各网络浏览器使用习惯的影响，在文件切换时，有些用户习惯于采用直观的文档标签方式。WPS 表格为这种应用习惯提供了两种选择，即传统的窗口切换方式和文件标签方式，让用户可以按照自己的喜好进行使用。例如：同时打开 3 个工作簿，3 个工作簿按照文件标签的形式显示，如图 4-7-3 所示。

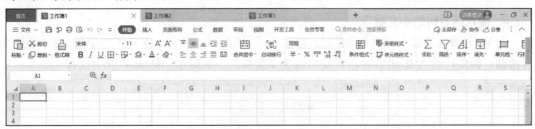

图4-7-3　文件标签

2. 阅读模式

进入【视图】菜单【阅读模式】，单击单元格时，行列高亮显示。这功能在浏览数据量大的表格时，非常实用。如图 4-7-4 所示。

图4-7-4　"阅读模式"高亮显示效果

3. 转换人民币大写

在表格制作时，很多用户都有使用人民币大写的需要，在 WPS 表格中，就提供了一个特殊的功能：提供阿拉伯数字自动转换为人民币大写的功能，满足广大财会人员制作报表的需要。在【单元格格式】对话框【特殊】分类中选择【人民币大写】类型，如图 4-7-5 所示。

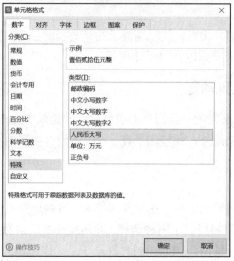

图4-7-5　【人民币大写】类型

4. 输入函数时的中文提示

在 WPS 表格的公式中插入函数时，自动显示参数的中文提示，对新用户学习 WPS 函数很有帮助。例如：输入 IF 函数时，自动出现 3 个参数的中文提示，如图 4-7-6 所示。

图4-7-6　输入函数时的中文提示功能

5. 护眼模式

为了保护用户眼睛，WPS 表格提供了一键切换为"护眼"模式。选择【视图】菜单【护眼模式】功能，可以把底色切换为更为柔和的绿色，如图 4-7-7 所示。

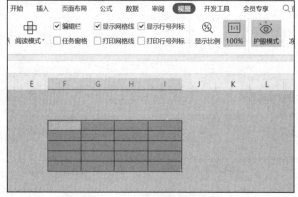

图4-7-7　【护眼模式】功能

任务实练

1. 使用WPS表格制作"财务预算工作表"

打开"任务 7-1.xlsx"，做如下操作：

(1) 将标题设为黑体、18 号字、合并居中。字形：粗体。字体颜色：白色，深蓝色底纹。

(2) 所有单元格数据中数值设置为货币格式，应用货币符号，保留两位小数，右对齐，其余数据居中。将"总和"一行数据的"数字类型"设置成"单位：万元"。

(3) 将 C2~D2 单元格合并，E2~F2 单元格合并。

(4) 各行各列设置为最合适的行高和列宽。

(5) 将表中的所有"预算"替换成"财务预算"。

(6) 将"差额"为负数的单元格数据变为绿色、粗斜体。

(7) 表格外边框为粗线，内边框为细线。

(8) 将 Sheet1 工作表重命名为"预算工作表"，并将其复制到 Sheet2 中。

(9) 公式(函数)的应用：使用 Sheet3 表中的数据，求出平均价，并将均价小于 2000 元的数值设为浅蓝色、加单下画线。

(10) 数据排序：使用 Sheet4 表中的数据，按【规格】升序排列。

(11) 数据筛选：使用 Sheet5 表中的数据，筛选出品牌为 IRIS 的记录。

(12) 分类汇总：使用 Sheet6 表中的数据，按照【品牌】分类，对"第一季度"至"第四季度"进行"求和"分类汇总。

(13) 合并计算：使用 Sheet7 表中的数据，在"价格汇总(元)"中进行"求和"合并计算。

(14) 制作图表：使用 Sheet8 表中的数据，先计算出"逆差"，再根据效果图 4-7-8 所示制作一个组合图。

(15) 将文件另存为到桌面上，命名为"任务 7-1 结果"。

图4-7-8　"组合图"效果图

任务总结

WPS 表格的特点是内存占用低，体积小，整个套装软件下载下来不超过两百兆字节，安装起来很快。具有强大的平台支持，不但可以在 Windows 系统下运行，也可以在其他系统下面运行，还可以在移动端运行，比如安卓手机、苹果手机，都可以安装 WPS 办公软件。

项 目 习 题

一、选择题

1. 如下能正确表示 Excel 工作表单元格绝对地址的是_____。
   A. C125　　　　　　　　　　　B. $B$5
   C. $D3　　　　　　　　　　　　D. FE$7

2. 在同一工作簿中，为了区分不同工作表的单元格，要在地址的前面增加_____来标识。
   A. 单元格地址　　　　　　　　　B. 公式
   C. 工作表名称　　　　　　　　　D. 工作簿名称

3. 在 A1 单元格中输入=SUM(8,7,8,7)，则其值为_____。
   A. 15　　　　　　　　　　　　　B. 30
   C. 7　　　　　　　　　　　　　　D. 8

4. 在 Excel 操作中，假设在 B5 单元格中存在公式 SUM(B2:B4)，将其复制到 D5 后，公式将变成_____。
   A. SUM(B2:B4)　　　　　　　　B. SUM(B2:D4)
   C. SUM(D2:D4)　　　　　　　　D. SUM(D2:B4)

5. Excel 工作表中，单元格 A1、A2、B1、B2 中的数据分别是 11、12、13、"x"，函数 SUM(A1:A2) 的值是_____。
   A. 18　　　　　　　　　　　　　B. 0
   C. 20　　　　　　　　　　　　　D. 23

6. _____是工作簿中最小的单位。
   A. 工作表　　　　　　　　　　　B. 行
   C. 列　　　　　　　　　　　　　D. 单元格

7. Excel 中有多个常用的简单函数，其中函数 AVERAGE(区域)的功能是_____。
   A. 求区域内数据的个数　　　　　B. 求区域内所有数字的平均值
   C. 求区域内数字的和　　　　　　D. 返回函数的最大值

8. 在 Excel 工作表中，正确表示 IF 函数的表达式是_____。
   A. IF("平均成绩">60,"及格","不及格")
   B. IF(e2>60,"及格","不及格")
   C. IF(e2>60,及格,不及格)
   D. IF(e2>60,及格,不及格)

9. Excel 函数的参数可以有多个，相邻参数之间可用_____分隔。

    A. 空格   B. 分号

    C. 逗号   D. /

10. 本来输入 Excel 单元格的是数，结果却变成了日期，那是因为_____。

    A. 不可预知的原因

    B. 该单元格太宽了

    C. 该单元格的数据格式被设定为日期格式

    D. Excel程序出错

二、操作题

1. 制作"饰品批发统计表"

(1) 新建一个 Excel 工作簿。

(2) 按样张录入数据，如下图所示。

(3) 插入两张新工作表 Sheet2 和 Sheet3。

(4) 将 Sheet1 重命名为"统计表"。

(5) 删除工作表 Sheet2。

(6) "统计表"中，在第 1 列和第 2 列之间插入 1 个空列。

(7) 将"付款日期"一列删除。

(8) 对"饰品批发统计"表进行"冻结窗格"操作，将表头始终显示(选中 H3 单元格)。

(9) 保存，文件名为"操作题 1 结果"。结果如下图所示。

2. 美化"饰品批发统计"表

(1) 打开素材"操作题 2.xlsx"。

(2) 在第 1 列前插入一列"序号",并填充为 01、02、……。

(3) 将"标题"设置为黑体、22 号、加粗、深蓝色、合并后居中。

(4) 将"最后付款日期"一列数据设置为 X 年 X 月 X 日。

(5) 按效果图设置边框和底纹。

(6) 将"单价"一列介于 10 与 20 之间的数据设置为浅红色填充。

(7) 将"金额"一列数据的条件格式设置为渐变填充紫色数据条。

(8) 将"最后付款日期"一列数据的单元格样式设置为 20%着色 2。

(9) 保存:另存为"操作题 2 结果"。结果如下图所示。

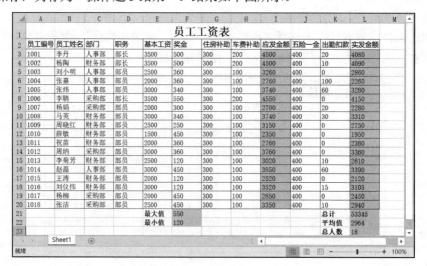

3. "员工工资表"的简单计算

(1) 打开素材"操作题 3.xlsx"。

(2) 使用公式计算"应发金额"和"实发金额"。

(3) 使用函数计算"奖金"的最大值和最小值。

(4) 使用函数计算"实发金额"的总计和平均值。

(5) 使用函数计算总人数。

(6) 保存:另存为"操作题 3 结果"。结果如下图所示。

4. "员工工资表"的数据处理

(1) 打开素材"操作题 4.xlsx"。

(2) 计算"迟到扣款"(每迟到 1 次扣 5 元)。

(3) 计算"领导津贴"(职务为部长的发放 600 元领导津贴)。

(4) 计算"部门津贴"(人事部 320 元、财务部 350 元、其他部门 300 元)。

(5) 计算"应发金额"和"实发金额"。

(6) 计算"基本工资 3000 元(含)以上的人数"等 5 项。

(7) 保存：另存为"操作题 4 结果"。结果如下图所示。

员工工资表

员工编号	员工姓名	部门	职务	基本工资	奖金	住房补助	车费补助	领导津贴	部门津贴	应发金额	五险一金	出勤扣款	迟到扣款	实发金额
1001	李丹	人事部	部长	3500	500	300	200	600	320	5420	400	20	5	4995
1002	杨陶	财务部	部长	3500	500	300	200	600	350	5450	400	10	0	5040
1003	刘小明	人事部	部员	2500	360	300	100	0	320	3580	400	0	5	3175
1004	张嘉	人事部	部员	2000	360	300	100	0	320	3080	400	100	10	2570
1005	张炜	人事部	部员	3000	340	300	100	0	320	4060	400	60	0	3600
1006	李鹏	采购部	部长	3500	550	300	200	600	300	5450	400	0	0	5050
1007	杨娟	采购部	部员	2000	300	300	100	0	300	3000	400	20	0	2580
1008	马英	财务部	部员	3000	340	300	100	0	350	4090	400	30	5	3655
1009	周晓红	财务部	部员	2500	250	300	100	0	350	3500	400	0	0	3100
1010	薛敏	财务部	部员	1500	450	300	100	0	350	2700	400	0	0	2300
1011	祝苗	财务部	部员	2000	360	300	100	0	350	3110	400	0	15	2695
1012	周纳	采购部	部员	3000	360	300	100	0	300	4060	400	0	5	3655
1013	李菊芳	财务部	部员	2500	120	300	100	0	350	3370	400	0	10	2960
1014	赵磊	人事部	部员	3000	450	300	100	0	320	4170	400	60	5	3705
1015	王涛	财务部	部员	2000	120	300	100	0	350	2870	400	0	5	2465
1016	刘仪伟	财务部	部员	3000	450	300	100	0	350	3870	400	15	10	3445
1017	杨柳	采购部	部员	2000	450	300	100	0	300	3150	400	0	0	2750
1018	张洁	采购部	部员	2500	450	300	100	0	300	3650	400	0	10	3240
基本工资3000元(含)以上的人数		8												
3000元(含)以上的百分比		44%												
2000元以下的人数		1												
2000元以下的百分比		6%												
2000元(含)—3000元的人数		9												

Sheet1　签到记录表

5. 为"员工工资表"制作图表

(1) 打开素材"操作题 5.xlsx"。

(2) 使用"员工姓名""实发金额"两列的数据创建一张"三维饼图"。

(3) 设置图表区格式：填充(纯色、灰色-25%)；边框(实线、蓝色、2 磅、圆角)；阴影(预设、外部、右下斜偏移)；大小(高度 8cm、宽度 16cm)。

(4) 设置图例格式：图例位置(靠左)；边框(实线、黑色)；发光(预设、蓝色)。

(5) 将"图表标题"设置为：实发金额图表。字体格式为：华文琥珀、18 号字、下画线。

(6) 增加图表元素："数据标签外(百分比)"。

(7) 设置数据系列格式：系列选项(饼图分离程度 20%)；三维格式(底部棱台、十字形)。

(8) 保存：另存为"操作题 5 结果"。结果如下图所示。

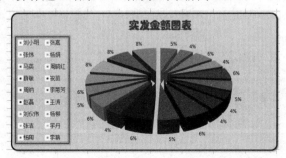

6. 为"饰品批发统计表"制作图表

(1) 打开素材"操作题 6.xlsx"。

(2) 使用"品名""商品数量""金额"三列的数据创建一张"簇状柱形图"。

(3) 更改图表类型为：三维簇状柱形图。

(4) 删除"眉毛夹""手提包""眼镜框"三种商品的数据。

(5) 在"选择数据源"中选择"切换行/列"。

(6) 增加图表元素："数量标签"。

(7) 设置图表区格式：填充(图案、10%)；边框(实线、黑色、1.6 磅、圆角)；三维旋转(X 旋转 50 度、Y 旋转 20 度)；大小(高度 12cm、宽度 15cm)。

(8) 设置图例格式：图例位置(靠下)；边框(实线、黑色、2 磅)；阴影(预设、右下角偏移)。

(9) 将"图表标题"设置为：饰品批发图表。字体格式为：楷体、加粗、20 号字。

(10) 设置垂直坐标轴格式为：边界(最小值 0，最大值 42000)；单位(主要刻度单位 3000)。

(11) 保存：另存为"操作题 6 结果"。结果如下图所示。

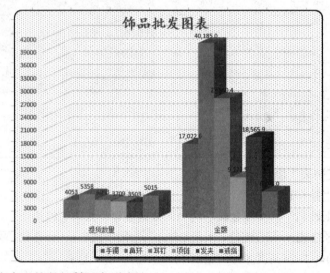

7. "员工工资表"的数据管理与分析

(1) 打开素材"操作题 7.xlsx"。

(2) 插入工作表：Sheet2、Sheet3、Sheet4。

(3) 将"员工工资表"中的数据分别复制到 Sheet2、Sheet3、Sheet4 中。

(4) 在 Sheet1 中，按"实发金额"降序排序。

(5) 在 Sheet2 中，自动筛选出"职务"为"部员""奖金"小于或等于 300 的数据，并按"实发金额"升序排序。

(6) 在 Sheet3 中，按"部门"分类，对"基本工资"和"奖金"进行求平均值汇总。

(7) 在 Sheet4 中，进行合并计算。

(8) 保存：另存为"操作题 7 结果"。结果分别如下所示。

	A	B	C	D	E	F	G	H	I	J	K	L
1						员工工资表						
2	员工编号	员工姓名	部门	职务	基本工资	奖金	住房补助	车费补助	应发金额	五险一金	出勤扣款	实发金额
3	1006	李聃	采购部	部长	3500	550	300	200	4550	400	0	4150
4	1002	杨陶	财务部	部长	3500	500	300	200	4500	400	10	4090
5	1001	李丹	人事部	部长	3500	500	300	200	4500	400	20	4080
6	1014	赵磊	人事部	部员	3000	450	300	100	3850	400	60	3390
7	1012	周纳	采购部	部员	3000	360	300	100	3760	400	0	3360
8	1008	马英	财务部	部员	3000	340	300	100	3740	400	30	3310
9	1005	张炜	人事部	部员	3000	340	300	100	3740	400	60	3280
10	1016	刘仪伟	财务部	部员	3000	120	300	100	3520	400	15	3105
11	1018	张洁	采购部	部员	2500	450	300	100	3350	400	10	2940
12	1003	刘小明	人事部	部员	2500	360	300	100	3260	400	0	2860
13	1009	周晓红	财务部	部员	2500	250	300	100	3150	400	0	2750
14	1013	李菊芳	财务部	部员	2500	120	300	100	3020	400	10	2610
15	1017	杨柳	采购部	部员	2000	450	300	100	2850	400	0	2450
16	1011	祝苗	财务部	部员	2000	360	300	100	2760	400	0	2360
17	1007	杨娟	采购部	部员	2000	300	300	100	2700	400	20	2280
18	1004	张嘉	人事部	部员	2000	360	300	100	2760	400	100	2260
19	1015	王涛	财务部	部员	2000	120	300	100	2520	400	0	2120
20	1010	薛敏	财务部	部员	1500	450	300	100	2350	400	0	1950

Sheet1　Sheet2　Sheet3　Sheet4

	A	B	C	D	E	F	G	H	I	J	K	L
1						员工工资表						
2	员工编号	员工姓名	部门	职务	基本工资	奖金	住房补助	车费补助	应发金额	五险一金	出勤扣款	实发金额
9	1015	王涛	财务部	部员	2000	120	300	100	2520	400	0	2120
11	1007	杨娟	采购部	部员	2000	300	300	100	2700	400	20	2280
15	1013	李菊芳	财务部	部员	2500	120	300	100	3020	400	10	2610
17	1009	周晓红	财务部	部员	2500	250	300	100	3150	400	0	2750
18	1016	刘仪伟	财务部	部员	3000	120	300	100	3520	400	15	3105

Sheet1　Sheet2　Sheet3　Sheet4

	C	D	E	F	G	H	I	J	K
1				员工工资表					
2	部门	职务	基本工资	奖金	住房补助	车费补助	应发金额	五险一金	出勤扣款
11	财务部 平均值		2500	283					
17	采购部 平均值		2600	422					
23	人事部 平均值		2800	402					
24	总计 平均值		2611	354					

Sheet1　Sheet2　Sheet3　Sheet4

	A	B	C	D	E	F	G	H	I
1	员工工资表					员工工资表			
2	员工编号	员工姓名	部门	基本工资		员工编号	员工姓名	部门	基本工资
3	1001	李丹	人事部	3500		1010	薛敏	财务部	1500
4	1002	杨陶	财务部	3500		1011	祝苗	财务部	2000
5	1003	刘小明	人事部	2500		1012	周纳	采购部	3000
6	1004	张嘉	人事部	2000		1013	李菊芳	财务部	2500
7	1005	张炜	人事部	3000		1014	赵磊	人事部	3000
8	1006	李聃	采购部	3500		1015	王涛	财务部	2000
9	1007	杨娟	采购部	2000		1016	刘仪伟	财务部	3000
10	1008	马英	财务部	3000		1017	杨柳	采购部	2000
11	1009	周晓红	财务部	2500		1018	张洁	采购部	2500
12									
13				汇总表					
14			序号	部门	平均工资				
15			1	人事部	2800				
16			2	财务部	2500				
17			3	采购部	2600				

Sheet1　Sheet2　Sheet3　Sheet4

8. 对"员工信息表"进行操作

打开素材"操作题 8.xlsx",具体操作要求如下:

(1) 将【部门】一列数据移至【工号】一列之前。

(2) 在【部门】一列数据前插入一个空列,填充序号。

(3) 在第一行数据之前插入一个空行，在 A1 单元格中输入"员工信息表"标题。

(4) 调整【工号】一列的列宽为 12，其余各列根据内容设置最合适的列宽，各行行高为 15。

(5) 设置标题字体为黑体、14 号字、红色、加粗、合并居中，同时添加黄色底纹。

(6) 设置表头字体为楷体、12 号字、字体颜色为蓝色、表头加灰色底纹。

(7) 工资一列数据靠右对齐，表头和其余各列数据居中对齐。

(8) 工资一列数据应用货币格式，保留两位小数，出生日期一列数据采用 XX 年 XX 月 XX 日格式。

(9) 将工龄大于 10 年的数据变为红色、粗斜体。

(10) 设置表格边框：外边框为粗线，内边框为细线。

(11) 将 Sheet1 工作表重命名为"员工信息表"，并将其复制到 Sheet2 中。

(12) 公式(函数)的应用：使用 Sheet3 表中的数据，计算每名同学的平均成绩和总成绩。

(13) 数据排序：使用 Sheet4 表中的数据，以 CJ3 为关键字，按升序排序。

(14) 数据筛选：使用 Sheet5 表中的数据，筛选出 CJ1 大于 90 且小于 95 分的记录。

(15) 分类汇总：使用 Sheet6 表中的数据，按照【部门】分类，将【年龄】、【工龄】和【工资】进行【最大值】分类汇总。

(16) 合并计算：使用 Sheet7 表中的数据，在"统计表"中进行"计数"合并计算。

(17) 制作图表：使用 Sheet8 中的品牌和销售额两列数据创建数据点折线图。

(18) 保存：另存为"操作题 8 结果"。

项目五

年度工作汇报

📔 思考题

📔 **思考题**

1. 在什么情况下会使用演示文稿?
2. 使用演示文稿汇报工作会有哪些好处?

📔 **项目情境**

临近年末，兴业银行支行行长沈明准备向分行行长汇报一年来的工作情况。若以演示文稿的形式展现给分行行长，内容不但直观，且可以通过文本、图表、声音和视频等展示方法，使展示内容声形俱佳、图文并茂，更具有感染力。

📔 **能力目标**

1. 能够插入新幻灯片
2. 能够应用幻灯片版式
3. 能够插入图片、剪贴画
4. 能够使用超链接
5. 能够设置自定义动画
6. 能够设置幻灯片切换
7. 能够设置幻灯片放映
8. 能够使用母版制作演示文稿
9. 能够下载利用网络资源

📔 **知识目标**

1. 掌握演示文稿的基本操作
2. 掌握幻灯片的各种版式
3. 掌握图片艺术字的插入方法

4. 掌握超链接的使用
5. 掌握演示文稿的动画设置方法
6. 掌握幻灯片切换操作方法
7. 掌握幻灯片放映方式的设置方式
8. 掌握母版的基本知识
9. 掌握网络资源的下载和利用

素质目标

1. 培养积极思考以及善于归纳、总结的能力
2. 培养具有审美意识并能应用于幻灯片制作中的能力
3. 培养仔细认真、力求完美的态度

思政导入

目前，PPT技能已经是通用的、常用的、必备的职场技能，是一个人核心能力的重要组成部分。一份优秀的演示文稿，其背后体现了卓越的演绎、归纳、提炼等逻辑思维能力，而这些能力都是职场中必不可少的通用能力。

演示文稿经常用来推荐产品，有时也用来推销自己。制作精美的演示文稿，首先是一个态度问题，说明演讲者本人重视这个演讲，而且做了充分的准备，同时反映出个人的审美能力。使用PPT演示文稿进行演讲时，最重要的是如何与观众进行更好的沟通。演示文稿的逻辑设计、呈现给观众的方式，以及演讲时各种表现都需要配合好，才能达到沟通交流的目的。一个成功的演讲者，不仅需要具有敏锐的观察力、丰富的想象力和联想力、较强的记忆力，还需要较强的口语表达能力等。

这些能力的培养都不是一朝一夕的，而应该贯穿在我们学习生活的始终，要有意识地培养自身素养，从而增强自己的社会竞争力。

任务一　简单年度工作汇报演示文稿制作

任务情境

兴业银行支行行长沈明在D盘上建立一个名为"工作汇报"的演示文稿，在演示文稿中插入三张新的幻灯片，版式均为"空白"，开始制作年度工作汇报的演示文稿。

任务展示

本任务的年度工作汇报演示文稿制作效果图如图5-1-1所示。

图5-1-1　年度工作汇报演示文稿制作效果图

背景知识

一、PowerPoint 2016简介

PowerPoint 2016 的启动与退出方法与 Word 和 Excel 基本相同，下面介绍几种常用的操作方法。

1. PowerPoint 2016的启动

- 使用【开始】菜单。单击【开始】/【PowerPoint 2016】，即可启动PowerPoint 2016应用程序。
- 使用快捷图标。若桌面上有PowerPoint 2016快捷图标，双击快捷图标来启动。
- 打开任意一个PowerPoint文档即可启动PowerPoint 2016。

2. PowerPoint 2016的退出

- 选择【文件】菜单/【关闭】命令。
- 单击PowerPoint 2016窗口标题栏右上角的【关闭】按钮 ✕ 。
- 使用组合键【Alt+F4】。

3. 工作界面

PowerPoint 2016 的工作界面如图 5-1-2 所示。

- 大纲窗格：窗口左侧显示整个演示文稿中的所有幻灯片。在幻灯片设计过程中可根据需要选择不同的视图方式，默认为幻灯片视图。
- 幻灯片编辑区：在窗口的中部，大部分幻灯片编辑工作就在该区域进行。
- 备注区：在幻灯片的下方是备注区，可为幻灯片加上备注说明。

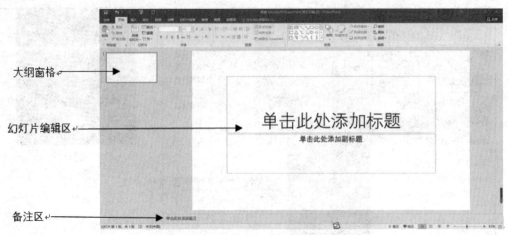

图5-1-2　PowerPoint 2016的工作界面

4. 演示文稿的基本操作

1) 创建及保存 PPT 文档

选择【文件】/【新建】/【空白演示文稿】菜单项，即可创建空白演示文档。

幻灯片的保存：

- 选择【文件】/【保存】或【另存为】菜单项，将文档命名并选择保存位置，即可保存此文档。
- 按【Ctrl+S】组合键。
- 单击快速访问工具栏中的【保存】按钮。

2) 幻灯片的新建及删除

PowerPoint 2016 启动后，自动新建一个空白演示文稿。默认情况下，第一张幻灯片是标题幻灯片，"标题幻灯片"版式是首张幻灯片的默认选择。

新建幻灯片：在幻灯片窗格的空白处右击，在弹出的快捷菜单中选择【新建幻灯片】菜单项；默认的版式为"标题和内容"，可以根据需求自行调整版式。

或者以复制方式新增幻灯片：选中要复制的幻灯片，右击后在弹出的快捷菜单中选择【复制幻灯片】菜单项。

删除幻灯片：在左边窗格中选择要删除的幻灯片，右击后在弹出的快捷菜单中选择【删除幻灯片】菜单项。

5. 幻灯片的编辑

1) 套用版式

新建幻灯片时指定版式：选择【开始】/【幻灯片】/【新建幻灯片】右侧的小三角按钮，在展开的版面列表中选择版式，即可新增一张套用该版式的幻灯片。

修改现有幻灯片的版式：在要修改版式的幻灯片上右击，在弹出的快捷菜单中选择【版式】菜单项，选择所需版式即可。

2) 重置幻灯片

套用幻灯片版式后，觉得不满意可以重置幻灯片，具体操作如下：

- 选中要重置的幻灯片，选择【幻灯片】/【重置】。

- 如果需要一次重置多张幻灯片，在【幻灯片】窗格中，按Ctrl键的同时选取多张幻灯片，再执行重置操作。

3）插入文本框

选择要插入文本框的幻灯片，单击【插入】/【文本】/【文本框】下方的小三角按钮，选择【横排文本框】或【垂直文本框】，在幻灯片上拖动绘制文本框。

4）插入艺术字

选择要插入艺术字的幻灯片，单击【插入】/【文本】/【艺术字】下方的小三角按钮，选择所需的样式，输入文字即可。

5）插入图片

选择【插入】/【图像】/【图片】按钮，打开【插入图片】对话框。选择需要插入的图片文件，单击【插入】按钮即可，如图 5-1-3 所示。

图5-1-3　插入图片

6）插入屏幕截图

切换至要插入截图的幻灯片，选择【插入】/【图像】/【屏幕截图】按钮，在左侧列表中选择待截取软件的界面，PowerPoint 便会截取该软件运行的界面，并插入至当前幻灯片中。

7）插入剪贴画

切换至要插入图片的幻灯片，选择【插入】/【图像】/【联机图片】按钮，在【插入图片】对话框的【搜索必应】文本框内输入关键字，单击【搜索】按钮即可，如图 5-1-4 所示。

8）插入 Office 形状库中的形状

切换至要插入 Office 形状的幻灯片，选择【插入】/【插图】/【形状】按钮，选择需要绘制的形状，在幻灯片上拖动绘制即可。

选择待修改的形状，单击【绘图工具】/【格式】/【形状样式】/【形状轮廓】按钮，选择合适的颜色方块，即可调整形状的边框颜色。

图5-1-4　搜索剪贴画

9) 插入 SmartArt 图形

PowerPoint 2016 内置了列表、流程、循环、层次结构、关系、矩阵、棱锥图、图片 8 大类 SmartArt 图形。

套用这些图形可以将理论性、概念性较强的内容生动形象地加以展示，深入了解文字难以描述的操作流程、层次结构、相互依赖关系等抽象信息。具体操作步骤如下：

(1) 切换至需要插入 SmartArt 图形的幻灯片，单击【插入】/【插图】中的【SmartArt】按钮。

(2) 在打开的【选择 SmartArt 图形】对话框中，选择需要插入图形的类型，单击【确定】按钮。

(3) 在选定的图形中输入文字，即可构成一幅完整的流程图。

10) 调整 SmartArt 图形的布局

(1) 删除不需要的形状：按【Del】键。

(2) 增加形状：选择要添加形状的位置，单击【SmartArt 工具】下的【设计】选项卡，在【创建图形】分组中单击【添加形状】右侧的小三角按钮，根据需要选择一种添加方式。

任务实施

一、使用背景图片制作演示文稿

1. 新建演示文稿，插入背景图片

幻灯片背景可设置单一颜色，也可设置填充效果或图片。若要设置复杂的背景色或图案，选择【设计】/【自定义】/【设置背景格式】，在【填充】中"纯色填充""渐变填充""图片或纹理填充""图案填充"分别对应着不同的背景效果。

(1) 选择【开始】/【新建幻灯片】/【空白】，在打开的空白演示文稿窗口中右击，选择【设置背景格式】，为【填充】选择"图片或纹理填充"，如图 5-1-5 所示。

图5-1-5　设置背景格式

(2) 插入的图片来自文件中的"背景"，如图 5-1-6 所示，并将【透明度】设置为 58%。

图5-1-6　插入背景图片

2. 插入【形状】并添加标题内容

(1) 选择【插入】/【插图】/【形状】下拉框中的"椭圆"(按住【shift】键时，绘制的是正圆)；选中图形，选择【绘图工具】/【格式】/【形状填充】为"无填充色"，【绘图工具】/【绘图】/【形状轮廓】，在下拉框中的"主题颜色"选择"蓝色，个性色1，深色25%""粗细"为6磅。

(2) 添加的文字内容为"2020年度工作汇报总结"，设置字体为"方正粗黑宋简体"深蓝、字号54。

3. 插入艺术字和形状

(1) 插入新幻灯片，版式选择【空白】。插入图片"背景2"，将图片拖动至右侧适当位置，在背景图片上插入艺术字"年度工作概况"，设置艺术字样式为第3行第3列，字号60。

(2) 在【插入】/【文本】/【文本框】中选择【横排文本框】，在幻灯片的左侧插入文本框，并添加文字，设置字体为"微软雅黑"深蓝、字号28，效果如图5-1-7所示。

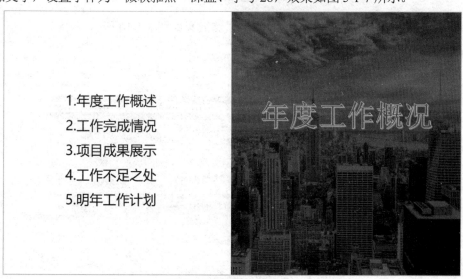

图5-1-7　设置文本效果

4. 插入表格

(1) 插入新幻灯片，版式选择【空白】。插入图片"背景3"，将图片拖动至左侧适当位置，在背景图片上插入形状，并输入内容"年度业绩报表"，设置字体为"微软雅黑"白色、字号32、加粗。

(2) 插入5行4列表格，选择【表格工具】/【设计】/【表格样式】，选择"中度样式2-强调5"，如图5-1-8所示。

图5-1-8　选择表格样式

5. 设置段落间距及行距

选择【开始】选项卡，单击【段落】分组右下角的小三角形图标，打开【段落】对话框。在【缩进和间距】选项卡下，可以设置段落的对齐方式、缩进和间距，如图5-1-9所示。

图5-1-9　设置段落缩进和间距

调整表格的大小以及位置，并添加文字，最终效果如图5-1-10所示。

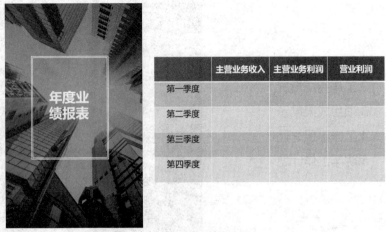

图5-1-10　年度业绩报表

二、为年度工作汇报的演示文稿添加超链接

超链接是从一张幻灯片到同一演示文稿的另一张幻灯片的链接，或是从一张幻灯片到不同演示文稿中另一张幻灯片、网页或文件等的链接。选中要用作超链接的文本或对象，单击【插入】/【链接】/【超链接】，在弹出的【插入超链接】对话框中，选择要链接到的位置即可，如图 5-1-11 所示。

切换到第二张"年度工作概述"幻灯片，为第二张幻灯片内容设置超链接，具体步骤如下：

(1) 选中第二张幻灯片中的文本内容"工作完成情况"。

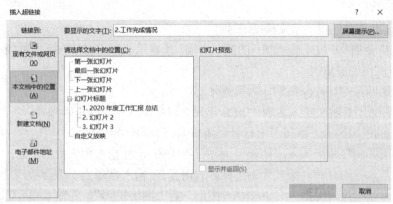

图5-1-11　设置超链接

(2) 右击后在弹出的快捷菜单中选择【超链接】命令，弹出【插入超链接】对话框。在【链接到】中选择【本文档中的位置】，然后选择第三张"年度业绩报表"幻灯片，单击【确定】按钮，可以用同样的方法为其他行创建超链接。

若要编辑或删除已经建立的超链接，在普通视图中，选中超链接的文本或对象后右击，在弹出的快捷菜单中选择【编辑超链接】或【取消超链接】命令。

任务实练

1. 制作年度工作汇报演示文稿(前三张)

(1) 在 D 盘上建立一个名为"年度工作汇报"的演示文稿，并新建第一张幻灯片，版式为"空白"。

(2) 设置背景格式，插入图片 "背景"，并将【透明度】设置为58%。

(3) 插入正圆，设置形状为"无填充色"、形状轮廓为"蓝色，个性色1，深色25%"粗细为"6磅"。

(4) 在正圆中添加文字内容为"2020年度工作汇报总结"，设置字体为"方正粗黑宋简体"深蓝、字号 54。

(5) 新建幻灯片，版式为"空白"，设置背景图片为"背景 2"，并将图片拖动至右侧适当位置。

(6) 在背景图片上插入艺术字"年度工作概况"，设置艺术字样式为"第 3 行第 3 列"，字号 60。

(7) 在幻灯片的左侧插入文本框，并添加文字，设置字体为"微软雅黑"深蓝、字号28。

(8) 新建幻灯片，版式为"空白"，设置背景图片为"背景 2"，并将图片拖动至左侧适当位置。

(9) 在背景图片上插入形状，并输入内容"年度业绩报表"，设置字体为"微软雅黑"白色、字号32、加粗。

(10) 插入 5 行 4 列表格，表格样式为"中度样式2-强调5"并添加文字内容。

(11) 为第二张幻灯片中文字内容"工作完成情况"添加超链接，链接到第三张幻灯片。

(12) 保存演示文稿。

2. 制作年度工作汇报演示文稿(后三张)

(1) 打开 D 盘的"年度工作汇报"的演示文稿，新建第四张幻灯片，版式为"标题和内容"，输入标题为"工作完成情况"。

(2) 复制第四张幻灯片，粘贴成为第五张幻灯片。

(3) 在第四张幻灯片中输入内容"2020 年兴业银行在行领导的正确指导，各部门的积极配合以及柜员们的积极努力下取得了全行量化考核前三名的优异成绩。"

(4) 在第五张幻灯片上插入"图表"为"三维饼图"，并输入相应数据信息。

(5) 新建第六张幻灯片，版式仍为"标题和内容"，输入标题为"综合考核量化"。

(6) 在第六张幻灯片上插入"SmartArt 图形"为"网络矩阵"，并输入相应信息。

(7) 以同样的方式创建第七张幻灯片，标题为"全智能金融服务"，内容为"全智能金融服务、一站式综合服务、满足个性化需求、保障资金安全"。

(8) 在第七张幻灯片上插入艺术字"第一行第三列"，内容为"全程在线"，拖动放到适应位置。

(9) 保存演示文稿。

任务总结

本任务主要设计的知识点有 PowerPoint 2016 启动和退出、演示文稿的基础操作。在 PowerPoint 2016 的操作过程中，一定要及时保存，防止因突然断电无法保存操作完的内容。

任务二　演示文稿动态修饰

使用 PowerPoint 2016 可以制作包含图片、文字、声音、动画、视频等丰富多彩的演示文稿；并可通过动作设置增强演示文稿的放映效果。将年度工作汇报演示文稿进行动态修饰，使演示文稿更具感染力。

任务情境

兴业银行支行行长沈明为了让制作的演示文稿更具有视觉效果，准备为制作的演示文稿添加声音和动画效果。

任务展示

本任务演示文稿动态修饰效果图如图 5-2-1 所示。

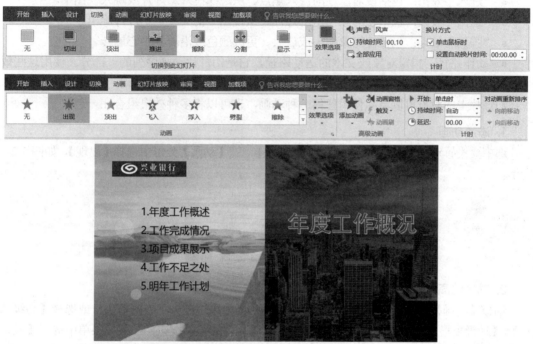

图5-2-1　演示文稿动态修饰效果图

任务实施

一、添加音频和视频

在一张幻灯片上，可以根据需要插入一个或多个音频/视频文件。文件插入后，将显示为一个个的音频/视频图标。在演示时，单击这些图标，将播放相应的音频/视频文件。PowerPoint 2016 支持的音频文件有 MP3、MP4、WAV、WMA、AIFF、AU、MIDI 等常见的音频格式。支持的视频文件有 Windows Media、Windows Video、MKV、MK3D、MP4、MPEG、Flash Media 等视频文件。

1. 插入音频

选择【插入】/【媒体】，在【媒体】分组中单击【音频】按钮，选择音频文件，单击【插入】按钮。

2. 插入视频

选择【插入】/【媒体】，在【媒体】分组中单击【视频】按钮，选择视频文件，单击【插入】按钮。

二、为对象添加动画效果

可以将 PowerPoint 2016 演示文稿中的文本、图片、形状、表格、SmartArt 图形和其他对象制作成动画，赋予它们进入、退出、大小或颜色变化甚至移动等视觉效果。

PowerPoint 2016 有以下 4 种不同类型的动画效果：

- "进入"效果：包括使对象逐渐淡入焦点、从边缘飞入幻灯片或跳入视图中。
- "退出"效果：包括使对象飞出幻灯片、从视图中消失或从幻灯片旋出。
- "强调"效果：包括使对象缩小或放大、更改颜色或沿着其中心旋转。
- 动作路径：指定对象或文本的运动路径，它是幻灯片动画序列的一部分。使用这些效果可以使对象上下移动、左右移动或者沿着星形或圆形图案移动。

幻灯片上的对象可以单独使用任何一种动画，也可以将多种效果组合在一起。

1. 添加动画

选中要设置动画的内容，选择【动画】选项卡，在【动画】分组中选择【出现】，如图 5-2-2 所示。

图5-2-2 选择动画

2. 动画的高级设置

选择【动画】选项卡，在【动画】分组中单击【效果选项】下方的箭头；或选择【高级动画】/【动画窗格】，在【动画窗格】中单击某动画后面的下拉按钮，在下拉菜单中选择【效果选项】，在打开的对话框中可以设置动画的【效果】和【计时】，如图 5-2-3 所示。

若要调整动画的播放顺序，可以在【动画窗格】分组中单击需要调整的动画，在【计时】分组中选择【向前移动】或【向后移动】。

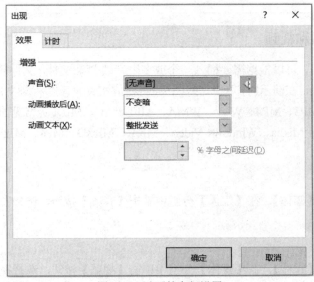

图5-2-3 动画的高级设置

三、幻灯片切换设置

幻灯片的切换效果是指前后两张幻灯片进行切换的方式，默认情况下，幻灯片的切换效果是上一张结束后，马上显示下一张幻灯片；而想要使幻灯片的切换生动、吸引人，就要为每张幻灯片的切换设置切换效果。

1. 设置幻灯片切换效果步骤：

(1) 在普通视图中选择一张或多张幻灯片。

(2) 选择【切换】选项卡，在【切换到此幻灯片】分组中选择切换方式；在【效果选项】中选择切换效果。

(3) 在【计时】分组中设置"声音""持续时间""换片方式"以及"全部应用"。

四、幻灯片放映设置

选择【幻灯片放映】选项卡，在【开始放映幻灯片】分组中，可以设置如下 4 种放映方式：

① 从头开始：从第一张幻灯片开始放映。

② 从当前幻灯片开始：从光标所在的当前幻灯片开始放映。

③ 联机演示：向可以在 Web 浏览器中观看的远程观众播放幻灯片。

④ 自定义幻灯片放映：创建或播放自定义幻灯片放映，具体方法如下：

(1) 选择【幻灯片放映】选项卡，单击【自定义幻灯片放映】按钮，选择【自定义放映】选项。

(2) 单击【新建】按钮，在【幻灯片放映名称】文本框内输入自定义的放映方案名称，然后在左边的列表中选择该方案需要播放的幻灯片，单击【添加】按钮将其添加至右侧列表中，单击【确定】按钮，再单击【关闭】按钮。

(3) 选择【幻灯片放映】选项卡，单击【自定义幻灯片放映】按钮，再选择放映方案名称，程序即播放该方案所选取的部分幻灯片。

五、隐藏幻灯片

在放映过程中有时需要临时隐藏一些幻灯片，利用幻灯片隐藏即可实现。

(1) 选择【视图】选项卡，在【演示文稿视图】分组中单击【幻灯片浏览】按钮，进入浏览视图状态。

(2) 选中需要隐藏的幻灯片。

(3) 选择【幻灯片放映】选项卡，在【设置】分组中单击【隐藏幻灯片】按钮，被选定的幻灯片即被隐藏。

六、PowerPoint 2016视图

1. 普通视图
普通视图是主要的编辑视图，可用于撰写和设计演示文稿。

2. 大纲视图
主要用于查看、编排演示文稿的大纲。和普通视图相比，大纲栏和备注栏被扩展，而幻灯片栏被压缩。

3. 幻灯片浏览视图

查看缩略图形式的幻灯片。通过此视图，在创建演示文稿以及准备打印演示文稿时，可以对演示文稿的顺序进行排列。

4. 备注页视图

备注窗格位于幻灯片窗格下。在备注窗格中键入应用于当前幻灯片的备注，可以将备注打印出来，在放映演示文稿时作为参考。

5. 阅读视图

用于使用个人计算机查看演示文稿的人员放映演示文稿。如果希望在一个设有简单控件以方便审阅的窗口中查看演示文稿，而不想使用全屏的幻灯片放映视图，也可以在个人计算机上使用阅读视图。如果要更改演示文稿，可以随时从阅读视图切换至某个其他视图。

七、幻灯片页面外观修饰

幻灯片母版是存储有关应用的设计模板信息的幻灯片，包括字形、占位符大小或位置、背景设计和配色方案。

1. 演示文稿母版

使用幻灯片母版可以进行全局的设置和更改，并使该更改应用到演示文稿中的所有幻灯片上，使用幻灯片母版可以进行如下操作：

(1) 改变标题、正文和页脚文本的字体。

(2) 改变文本和对象的占位符位置。

(3) 改变项目符号样式。

(4) 改变背景设计和配色方案。

2. 演示文稿母版的基本操作

(1) 要查看或修改幻灯片母版，可选择【视图】选项卡，在【母版视图】分组中单击【幻灯片母版】按钮，即可进入幻灯片母版编辑状态。

(2) 增加多张母版样式。插入新母版的方法是：选择【幻灯片母版】选项卡，在【编辑母版】分组中单击【插入幻灯片母版】按钮，即可新增一个空白母版。

(3) 应用新母版：在需要套用新母版的幻灯片上右击，在弹出的快捷菜单中选择【母版版式】命令，再选择使用的母版版式即可。

3. 演示文稿母版的版式

(1) 选择【视图】选项卡，在【母版视图】分组中单击【幻灯片母版】按钮，单击【编辑母版】分组中的【插入版式】按钮，即可插入一个空白版式的母版。

(2) 单击【母版版式】分组中的【插入占位符】按钮，选择【文本】选项，拖动绘制文本框。

(3) 选择【开始】选项卡，修改字体、字号、颜色等设置。

4. 打印演示文稿

在 PowerPoint 2016 中可以很方便地将演示文稿制作成打印版本，可以在打印之前预览打印效果。

1) 页面设置

与 Word、Excel 一样，在打印前需要进行页面设置。选择【设计】菜单项，在【自定义】分组中选择【幻灯片大小】右下方的小三角箭头，选择【自定义幻灯片大小】，在弹出的【幻灯片大小】对话框中选取适当的幻灯片大小、选定方向，选取幻灯片的起始页码，单击"确定"按钮完成设置，如图 5-2-4 所示。

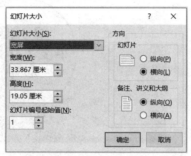

图5-2-4　【幻灯片大小】对话框

2) 编辑页眉和页脚

在打印前还需要设置页眉和页脚，比如在页脚中显示页码、日期、文字信息等。选择【文件】菜单项，在下拉菜单中选择【打印】，单击【编辑页眉和页脚】按钮，打开【页眉和页脚】对话框，如图 5-2-5 所示。

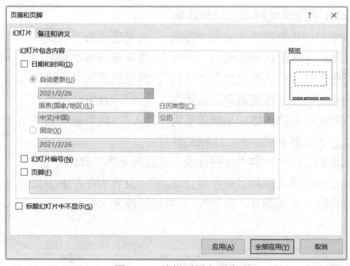

图5-2-5　编辑页眉和页脚

3) 打印

选择【文件】菜单项，在下拉菜单中选择【打印】。左侧为【打印设置项】，右侧为【预览窗口】。用户可以通过下方的【页码选择】项来分页预览演示文稿内每张幻灯片的打印效果，如图 5-2-6 所示。

预览后，可以在【设置】区域进行各种打印设置，最后单击【打印】按钮，将演示文稿输出到打印机。

图5-2-6　【打印】对话框

任务实练

1. 为年度工作汇报演示文稿添加动画效果

(1) 设置第一张幻灯片的切换效果为"形状"，效果选项为"切出"。

(2) 设置第二张幻灯片的切换效果为"时钟"，效果选项为"顺时针"，声音为"风声"。

(3) 设置第三张幻灯片的切换效果为"飞过"，效果选项为"弹跳切入"。

(4) 设置第四张幻灯片的标题的动画效果为"飞入"，效果选项为"自左侧"。

(5) 设置第四张幻灯片的内容的动画效果为"浮入"，效果选项为"上浮"。

(6) 以同样的方式设置第五、六、七张幻灯片。

(7) 设置第七章幻灯片中内容"全程在线"动画效果为"弹跳"进入。

(8) 在幻灯片母版中插入图片"兴业银行logo"，设置为在左上方显示。

(9) 在幻灯片母版中插入图片"背景"，设置透明度为58%。

任务总结

本任务主要设计的知识点有为幻灯片添加音频、视频、动画，设置切换、放映、隐藏等功能，幻灯片的视图模式、页面的外观修饰、打印功能等。

任务三　利用网络资源制作精美演示文稿

在网络资源高速发展的今天，我们也可以不自己创建幻灯片模板，只需在网络中搜索，找到适合自己需要的幻灯片版式，在此基础上改成自己所需的幻灯片即可。

任务情境

作为兴业银行支行的员工，沈明年底需要做工作总结，在网上下载精美的演示文稿，为工作总结做准备。

任务展示

本任务下载的年度工作汇报演示文稿效果图如图 5-3-1 所示。

图5-3-1　下载的年度工作汇报演示文稿效果图

任务实施

一、演示文稿模板的查找

微软预先为常用的办公场景设计了许多 PowerPoint 模板。这些模板含有直接可以套用的报告框架、精美的背景以及一些通用示范文本。用户只需要填写部分内容，即可制作出一份具有专业水准的演示文稿。

使用模板创建 PPT 文档的方法如下：

(1) 首先连接网络，选择【文件】选项卡，在下拉菜单中选择【新建】选项，根据所需要的条件输入关键字，在【搜索】栏中搜索即可。

(2) 选择一个合适的模板，单击【下载】按钮，下载后 PowerPoint 将自动使用该模板新建文件。

二、从网站下载模板及图片

网络资源非常丰富，我们可以通过网站下载各种精美的图片以及幻灯片模板素材，将这些素材应用到幻灯片中，不但节省时间，而且增加了美感，起到画龙点睛的效果。

下面简单介绍几个下载素材的网站：

第1 PPT　　　　www.1ppt.com

千图网　　　　　www.58pic.com

51 PPT模板　　　www.51pptmoban.com

我图网　　　　　www.ooopic.com

芒果派　　　　　www.686ppt.com

任务实练

使用下载的模板素材制作年度员工工作总结

(1) 从网上下载模板素材。

(2) 作为银行职员，总结本年度工作完成情况，并对下一年度提出工作计划。

(3) 以演示文稿的形式展现。

任务总结

本次任务通过下载素材制作演示文稿，幻灯片不但采用图文结合的表达方式，运用文字排版及图文排版功能使表达事半功倍，有效地将信息传递给他人，还能够设置丰富多彩的动态表达方式，有效控制观者的信息浏览顺序，引导观者顺着作者的思路进入状态。

任务四　使用WPS制作自我介绍

WPS Office 是由金山软件股份有限公司自主研发的一款办公软件套装，可以实现办公软件最常用的文字、表格、演示、PDF 阅读等多种功能。具有内存占用低、运行速度快、云功能多、强大插件平台支持、免费提供海量在线存储空间及文档模板的优点。

任务情境

沈明因为工作需要，需马上准备使用 WPS P 演示制作一份简单的自我介绍演示文稿。

任务展示

本任务通过学习，使用 WPS 最终完成"自我介绍"的制作，结果如图 5-4-1 所示。

图5-4-1 "自我介绍"效果图

任务实施

一、演示界面介绍

打开 WPS Office，选择【新建】/【演示】/【新建空白文档】，即可新建演示文稿，默认的文稿名称为"演示文稿1"。

WPS Office P 演示的工作界面如图 5-4-2 所示。

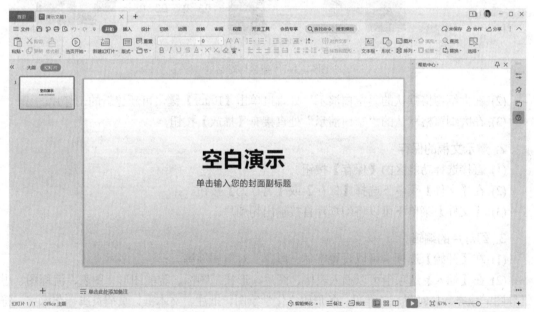

图5-4-2 WPS Office P演示工作界面

1. 功能区
包括文件选项卡、标题栏、快速访问工具栏、搜索、界面设置、任务窗格等。

2. 工作编辑区
包括大纲、幻灯片、幻灯片窗格、备注窗格等。

3. 状态栏

包括状态显示、视图按钮、缩放工具等。

二、演示界面基础操作

1. 新建幻灯片

(1) 在大纲窗格默认的"空白演示"单击【+】，在弹出的对话框中可进行如下设置，如图 5-4-3 所示。

图5-4-3 "新建"对话框

(2) 在大纲窗格默认的"空白演示"处直接单击【Enter】键，可新建新的幻灯片。

(3) 在大纲窗格默认的"空白演示"处直接有【播放】按钮。

2. 演示文稿的保存

(1) 直接选择功能区的【保存】按钮。

(2) 在【文件】菜单下选择【保存】或【另存为】按钮。

(3) 【文件】菜单下可以将幻灯片直接输出为图片。

3. 幻灯片的编辑

(1) 在【开始】选项卡可以设置字体、段落、对象属性等。

(2) 在【插入】选项卡可以插入表格、图片、形状、图标、智能图形、图表、流程图、思维导图、截屏、几何图、二维码、条形码、化学绘图、批注、文本框、页眉页脚、艺术字、符号、公式、音频、视频等。

(3) 在【设计】选项卡可以导入模板，使用推荐模板，也可以设置背景、配色方案、编辑母版、页面设置、幻灯片大小等设置。

(4) 在【切换】选项卡可以设置切换效果、速度、声音、换片方式等。

(5) 在【动画】选项卡可以设置动画效果、自定义动画、删除动画。

(6) 在【放映】选项卡可以设置从头开始、当页开始、自定义放映、会议、放映设置、隐藏幻灯片、排练计时、演讲备注、手机遥控、屏幕录制等。

(7) 在【审阅】选项卡可以设置拼写检查、中文简繁转换、插入批注、删除批注等。

(8) 在【视图】选项卡可以设置视图方式，包括普通、幻灯片浏览、备注页、阅读视图；还可以设置幻灯片母版、网格和参考线、显示比例等。

任务实练

(1) 创建演示文稿，首页输入"自我介绍"标题。

(2) 创建第二张幻灯片，输入"个人情况"内容。

(3) 创建第三张幻灯片，通过表格展示成绩单，并将标题设置成艺术字。

(4) 创建第四张幻灯片，展示个人优点，并设置动画效果。

(5) 创建第五张幻灯片，插入图片，个人优秀成果展示。

(6) 设置幻灯片切换方式。

(7) 设置幻灯片放映方式。

任务总结

WPS Office 个人版对个人用户永久免费，包含 WPS 文字、WPS 表格、WPS 演示三大功能模块，另外有 PDF 阅读功能。P 演示与 Microsoft Office 中 PowerPoint 相对应，通过本次任务的学习，掌握 WPS 中 P 演示的基本操作。

项 目 习 题

一、选择题

1. PowerPoint 2016 文档的扩展名是_____。

    A. pptx   B. pwtx

    C. xslx   D. docx

2. PowerPoint 是_____。

    A. 数据库管理软件

    B. 文字处理软件

    C. 电子表格软件

    D. 幻灯片制作软件

3. 若用键盘按键来关闭 PowerPoint，可以按_____键。

    A. Alt+F4   B. Ctrl+X

    C. Esc   D. Shift+F4

4. PowerPoint 是_____家族中的一员？

    A. Linux   B. Windows

    C. Office   D. Word

5. 在 PowerPoint 2016 中需要帮助时，可以按功能键_____。

    A. [F1]   B. [F2]

    C. [F11]   D. [F12]

6. 在新增幻灯片操作中，可能默认的幻灯片版式是_____。

    A. 标题幻灯片   B. 标题和内容

    C. 两栏内容   D. 空白

7. 在演示文稿中插入超链接，所链接的目标不能是_____。

    A. 另一个演示文稿

    B. 同一演示文稿的某一张幻灯片

    C. 其他应用程序的文档

    D. 幻灯片中的某一个对象

8. 在 PowerPoint 2016 中，【文件】选项卡可创建_____。

    A. 新文件，打开文件   B. 图表

    C. 页眉或页脚   D. 动画

9. 从当前幻灯片开始放映的快捷键是_____。

    A. shift+F5   B. shift+F4

    C. shift+F3   D. shift+F2

10. 在 PowerPoint 2016 中，如果要对多张幻灯片的外观进行同样的修改，_____。

    A. 必须对每张幻灯片进行修改

    B. 只需要对幻灯片母版做一次修改

    C. 只需要更改标题母版的版式

    D. 无法修改，只能重新制作

11. 在 PowerPoint 2016 中可以插入的内容有_____。

    A. 文字、图表、图像   B. 声音、视频、剪辑

    C. 超级链接   D. 以上都是

12. 在编辑演示文稿时，要在幻灯片中插入表格、剪贴画或照片等图形，应在以下哪种视图中进行_____？

    A. 备注页视图   B. 幻灯片浏览视图

    C. 幻灯片放映视图   D. 普通视图

13. 在 PowerPoint 2016 中，使字体变粗的快捷键是_____。

    A. Alt+B   B. Ctrl+B

    C. Shift+B   D. Ctrl+Alt+B

14. 关于幻灯片的删除，以下叙述中正确的是_____。

    A. 可以在各种视图中删除幻灯片，包括在幻灯片放映时

    B. 只能在幻灯片浏览视图和幻灯片视图中删除幻灯片

    C. 可以在各种视图中删除幻灯片，但不能在幻灯片放映时

    D. 不能在备注页视图中删除幻灯片

15. 在 PowerPoint 2016 的_____视图中，用户可以看到画面变成上下两半，上面是幻灯片，下面是文本框，可以记录演讲者讲演时所需的一些提示重点。

　　A. 备注页视图　　　　　　　　　　B. 浏览视图

　　C. 幻灯片视图　　　　　　　　　　D. 黑白视图

16. 如果在母版中加入了公司 logo 图片，每张幻灯片都会显示此图片。如果不希望在某张幻灯片中显示此图片，下列哪些做法不能实现？

　　A. 在母版中删除图片

　　B. 在幻灯片中删除图片

　　C. 在幻灯片中设置不同的背景颜色

　　D. 在幻灯片中进入背景设置，并选中【隐藏背景图形】

17. 在 PowerPoint 中，当要改变一个幻灯片的设计模板时_____。

　　A. 只有当前幻灯片采用新模板

　　B. 所有幻灯片均采用新模板

　　C. 所有的剪贴画均丢失

　　D. 除已加入的空白幻灯片外，所有的幻灯片均采用新模板。

18. 在 PowerPoint 2016 中，若需将幻灯片从打印机输出，可以用下列快捷键_____。

　　A. Shift+P　　　　　　　　　　　　B. Shift+L

　　C. Ctrl+P　　　　　　　　　　　　D. Ctrl +L

19. 从第一张幻灯片开始放映幻灯片的快捷键是_____。

　　A. F2　　　　　　　　　　　　　　B. F3

　　C. F4　　　　　　　　　　　　　　D. F5

20. 要设置幻灯片中对象的动画效果以及动画的出现方式时，应在_____选项卡中操作？

　　A. 切换　　　　　　　　　　　　　B. 动画

　　C. 设计　　　　　　　　　　　　　D. 审阅

21. 要对幻灯片进行保存、打开、新建、打印等操作时，应在_____选项卡中操作。

　　A. 开始　　　　　　　　　　　　　B. 设计

　　C. 切换　　　　　　　　　　　　　D. 动画

22. 要在幻灯片中插入表格、图片、艺术字、视频、音频等元素时，应在_____选项卡中操作。

　　A. 文件　　　　　　　　　　　　　B. 开始

　　C. 插入　　　　　　　　　　　　　D. 设计

23. 按住鼠标左键，并拖动幻灯片到其他位置是进行幻灯片的_____操作。

　　A. 移动　　　　　　　　　　　　　B. 复制

　　C. 删除　　　　　　　　　　　　　D. 插入

24. 演示文稿和幻灯片的关系是_____。

　　A. 演示文稿和幻灯片是同一个对象

　　B. 幻灯片由若干个演示文稿组成

　　C. 演示文稿由若干个幻灯片组成

　　D. 演示文稿和幻灯片没有关系

二、操作题

操作要求：制作银行实习生的交互式相册。

1. 新建演示文稿，创建相册。选择【插入】选项卡，在【图像】分组中单击【相册】下方的小三角按钮，打开【相册】对话框。

2. 插入图片。单击【文件/磁盘】按钮，在弹出的【插入新图片】对话框中选择需要添加到相册中的图片。

3. 调整图片位置。在【相册】对话框的【相册中的图片】列表框中显示了当前插入的图片，并能够在【预览】框中预览。选中【相册中的图片】，可以调整图片的顺序。

4. 编辑母版样式。单击【视图】选项卡中的【幻灯片母版】按钮，选中并右击【单击此处编辑母板标题样式】，设置字体为"黑体"、字号为44；选中并右击【单击此处编辑母版文本样式】，设置字体为"楷体"，各级文本的字号均为默认字号。

5. 再次插入图片。单击【插入】选项卡中的【图片】按钮，在弹出的对话框中插入图片，设置旋转角度为45°，设置宽度、高度均为原始尺寸的50%并返回普通视图。

6. 添加标题。为第一张幻灯片添加标题"我是银行实习生"，副标题为"难忘的回忆"。分别为第2~第5张幻灯片添加合适的标题。

7. 设置图片格式。设置第二张幻灯片的图片格式，设置【锁定纵横比】并设置【尺寸和旋转】中的【高度】为"7厘米"。

8. 绘制标注框。选定第一张幻灯片，插入形状为"圆角矩形"的标注框，并添加文字内容；修改文字的字体为"华文新魏""字号为24"，颜色为"按强调文字配色方案"。依次为其他图片添加标注。

9. 打开母版，插入形状。打开母版，添加"横卷形"旗帜，文字方向为"纵向"，在其中添加4列文字"欢乐""精彩""付出""收获"。设置字体为"隶书"，字号为"20"，文字"颜色"为"按强调文字和超链接配色方案"，放在幻灯片中适当的位置。

10. 设置超链接。分别将"欢乐""精彩""付出""收获"链接到对应的幻灯片上。

11. 设置自定义动画。右击导航图，设置自定义动画，执行【添加效果】/【进入】/【其他效果】，选择【华丽型】中的【弹跳】动画类型，将【开始】设置为""，将【速度】设置为"快速"。关闭母版。

12. 幻灯片放映。进行幻灯片放映，可以单击链接在页面之间跳转。